KB070801

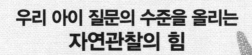

우리 아이 질문의 수준을 올리는
자연관찰의 힘

엄마는 탐구왕

임권일 지음

추수밭

아이가 어른의 거울이라면
엄마는 무엇을 준비해야 할까요?

백 년 전 사람들이 백 년 후를 예상하는 것보다 지금 여기에서 일 년 후를 예측하는 것이 훨씬 어려워졌습니다. 그만큼 세계는 그동안 인류가 경험해 보지 못한 미지의 영역으로 빠르게 나아가고 있습니다. 장차 우리 아이들이 살아갈 미래는 변화의 속도가 더욱 가빠질 것입니다.

그래서인지 도처에서 '4차 산업혁명'이라는 목소리가 넘실거리며 창의력의 중요성이 강조되고 있습니다. 하지만 여전히 우리 교육은 아이들이 시행착오를 겪어가며 스스로 문제를 해결하는 능력을 길러주기보다는 누군가가 정리해놓은 경험과 지식을 빨리 찾는 방법을 가르치는 데에만 초점을 두고 있는 것은 아닌지 의심이 들기도 합니다.

언젠가 과학수업을 진행했을 때였습니다. 실험을 마무리하는 시간에 한 친구가 실제 실험했던 내용이 아니라 이미 사교육을 통해 배웠던 결과를 적고 있는 것을 봤습니다. 그 아이는 실험 결과에 영향을 준 요인은 무엇인지, 왜 그 결과 값이 옆 모둠과 다르게 나왔는지 전혀 궁금해하지 않았습니다. 오히려 이미 배워서 알고 있는 내용을 과시하는 태도를 보였습니다. 실험이란 교실에서 전달받은 과학지식을 새삼스럽게 확인하기 위한 과정이 아닌데, 지름길만을 찾으려는 배움에 대한 태도가 무척 안타까웠습니다. 하지만 이것이 아이의 잘못은 아닐 것입니다. 우리가 효율만을 강조하는 삶을 보여줬기 때문에 아이들이 이를 따라하는 것이겠지요.

《엄마는 탐구왕》은 이러한 고민 속에서 쓰였습니다. 지금 우리 아이들에게 필요한 교육은 주변에 관심을 갖고 소통하고자 하는 감성과, 호기심에서 비롯된 질문을 스스로 해결해나가면서 나만의 지식으로 만들어나가는 경험입니다. 바로 자연에서 관찰과 탐구를 해보는 것이지요.

이 책에서는 아이들이 때로는 익숙하고 때로는 낯선 자연 속 대상에 관심을 가지고 질문을 떠올린 다음, 문제를 해결하기 위해 관찰하고 탐구하면서 시행착오를 겪고, 이를 통해 자신만의 새로운 생각을 갖는 데 도움이 되는 과정을 담고자 했습니다. 그리고 이러한 학습 과정을 아이 스스로 질문하고 문제를 해결하는 능력을 키우기 위한 여덟 가지 단계로 정리했습니다.

아이들이 직접 경험하고 실수하며 스스로 깨닫기 위해서는 한 가지 전제가 필요합니다. 바로 옆에서 지켜봐주는 어른의 존재입니다. 그리고 모든 교육은 학교가 아닌 집에서 시작됩니다. 《엄마는 탐구왕》이 아이들보다 어머님들께 먼저 다가가는 까닭입니다. 이 책은 엄마가 먼저 지식을 익혀 아이들에게 정답을 제시해주는 것이 아니라, 아이들과 함께 '자연 탐구생활'을 하며 아이들에게 멋진 거울이 되기를 바라는 마음에서 어머니들께 드리는 제안이기도 합니다.

이 책이 우리 아이들의 창의력을 키우고 나아가 세상을 살아가는 지혜를 배우는 데 조금이나마 도움이 되기를 바랍니다.

임권일

| 차례 |

1

호기심은
모든 생각의 씨앗이다

우리 주변에서 살아가는 생물들을 가만히 들여다보면 그동안 무심코 지나쳤던 모습들이 새롭게 느껴지면서 여러 가지 궁금한 것들이 생기게 됩니다. '무당벌레는 왜 몸 색깔이 화려할까?', '도요새는 나침판도 없이 어떻게 수천 킬로미터가 넘는 비행을 할까?' 사소한 호기심에서부터 대답하기 어려운 질문까지 끝이 없지요. 우리 어른들은 이제껏 그런 현상을 많이 봐왔기 때문에 당연한 사실로 받아들일 뿐 더 이상 호기심을 갖거나 궁금해하지는 않을 겁니다. 하지만 아이들은 다릅니다. 세상을 보는 눈이 아직까지 일정한 틀로 굳어지지 않았기 때문에 만나는 것들 모두가 새롭고 궁금한 것들 투성이지요.

아이들이 궁금해 하는 것은 궁금한 대로 놔둔 채 막연한 미래로 답을 미루게 해서는 안 됩니다. 다양한 방법으로 궁리하며 궁금증을 해결하게 도와 줘야 하지요. 어떤 아이들은 궁금한 것이 생겨도 '원래부터 그랬으니까', 이렇게 답을 내리고 포기하는 경우가 많습니다. 여태껏 궁금증을 해결하는 즐거움을 느껴보지 못했거나 새로운 계획을 세워 행동하는 일에 대해 두려움을 갖고 있기 때문이지요.

하지만 인류가 만들어낸 수많은 물질과 기술들은 모두 다 호기심이 왕성했던 누군가로부터 시작된 것입니다. 하늘을 날고 싶었던 사람들이 비행기를 만들었고, 우주에서 본 지구의 모습이 궁금했던 사람들이 우주선을 쏘아 올렸습니다.

세상의 많은 사물 가운데에서도 아이들이 가장 왕성한 호기심을 보이는 것은 자연 속 생물들입니다. 시시각각 변하고 움직이는 생물들은 보는 것만으로도 호기심을 한껏 키워주지요. 거창하게 멀리 가지 않아도 괜찮습니다. 그동안 눈여겨보지 않고 지나쳐 왔던 주변의 다양한 생물을 새삼 들여다보면 호기심 또한 저절로 생기기 마련이니까요.

호기심은 종종 아이들의 말썽이나 꾸중으로 이어지기도 합니다. 아이들은 깨끗한 옷을 지저분하게 더럽혀 오거나 온 집안을 난장판으로 만들기도 하잖아요. 하지만 모두 다 아이들이 호기심과 궁금증을 해결하기 위해 자신만의 방법을 찾다가 벌어진 일들입니다. 그러니까 말썽을 피웠다고만 여기고 꾸중하기 전에 아이들의 눈으로 한번 생각해보는 것은 어떨까요.

남다른 창의성을 보였던 위인들의 뒤에는 언제나 호기심이 주눅 들지 않도록 도와줬던 어른들이 있었습니다. 온갖 것에 관심을 가지고 들쑤시고 주변 사람을 귀찮게 하는 아이의 호기심이야말로 더욱더 키워주고 응원해줘야 하는 자질인지도 모릅니다.

물론 아이들이 갖는 호기심이 늘 새롭고 독창적인 것은 아닙니다. 아이들이 던지는 질문에는 일찌감치 이미 답이나 해결 방법이 나와 있는 경우도 많지요. 이때 부모가 잘 알고 있다고 해서 쉽게 답을 말해주는 것은 아이에게 좋지 않습니다. 중요한 것은 물음에 대한 정답이 아니라 아이 스스로 그것을 찾아내기까지 헤매고 고민하는 과정 자체니까요.

아이들이 풍부한 호기심을 갖고 스스로 궁금증을 해결할 수 있도록 도와주세요. 그리고 이제부터는 아이들의 질문에 '원래 그런 거야', '원래부터 그래 왔어' 같은 대답은 하지 말자고요. 그런 대답을 들은 아이들이 커서 질문할 줄 모르는 어른, 스스로 고민하기 전에 정해진 답변부터 찾는 어른이 되니까요.

내가 속삭이는 소리를
너희도 들었으면 좋겠어

돌고래

○
돌고래는 호기심이 많아

호기심은 사람이 가진 가장 기본적인 본능 가운데 하나예요. 모르는 것을 알고 싶어 하는 마음이 사람을 더욱 더 사람답게 만들지요. 그런데 동물들 중에서도 호기심을 가진 것처럼 보이는 녀석이 있어요. 바로 지능이 매우 높은 동물로 잘 알려진 돌고래예요. 녀석은 사람들이 가진 물건에 호기심을 갖고 들여다보기도 하고 때로는 사람들의 행동을 따라하며 장난을 치기도 하죠.

하지만 돌고래의 호기심은 딱 거기까지일 뿐 호기심이 문제 해결로 이어지지는 않아요. 사람들에게는 돌고래에 관해 모르는 것이 있으면 해결할 수 있는 힘이 있지만 돌고래에게는 사람에 대해 궁금한 점이 생겨도 해결할 수 있는 힘이 없어요.

사람이라면 모르는 것이 생겼을 때 그것을 알아낼 수 있는 문제 해결력을 길러야 해요. 해결 방법을 찾기 위한 계획을 세우고 실행으로 옮기는 것이죠. 이러한 과정을 스스로 경험한 친구들만이 호기심을 해결할 수 있어요. 그렇지 않으면 사람들을 궁금해하는 돌고래처럼 호기심 상태로만 머무를 거예요.

○

돌고래는 자신과 남을 구분할 수 있어

돌고래는 매우 지능이 높은 동물로 알려져 있어요. 20년이 지나서도 자신의 동료를 기억할 수 있을 정도로 기억력도 좋아요. 돌고래는 거울에 비친 스스로를 알아볼 수도 있어요.

대다수의 동물들은 거울에 비친 스스로의 모습이 자기 자신인지를 알지 못해요. 그래서 거울에 비친 자신의 모습을 다른 동물로 생각하고 공격하거나 거울 뒤로 가서 확인하기도 하죠.

거울을 보고 자신의 모습을 알아채는 것은 별것 아닌 일 같지만 사실 그 속에는 복잡한 과정이 숨어 있어요. 먼저 거울이 가진 특징을 이해해야 하고 거울 속에 비친 자신의 모습을 기억해야 하죠. 또 자신의 생김새나 특징, 성격 등이 남들과 다르다는 것을 알고 있어야 해요.

이제까지 이런 특징들은 인간과 같은 고등동물에게만 나타난다고 여겨졌어요. 하지만 최근에는 침팬지나 코끼리 등도 거울 속에 비친 자신의 모습을 구별하는 것으로 밝혀지고 있어요. 자신을 다른 녀석들과 다르다고 느끼는 것, 별것 아닌 줄 알았는데 사실은 몇몇 동물들만 할 수 있는 굉장한 능력이라는 사실이 정말 놀랍지 않나요?

① ② ③

물에 산다고 다 물고기는 다 아니야

1 사람과 어울리는 돌고래. 말을 하지
못해도 생각을 전달할 수 있을 만큼
머리가 좋아요. 2 물에서 헤엄치는 돌
고래. 포유류인데 꼭 물고기 같지요?
3 돌고래가 살고 있는 바다 속. 잘 보
이지 않아 소리로 사물을 느껴야 해요.

○
돌고래는 물고기가 아니라고?

어떤 사람들은 돌고래를 커다란 물고기라고 생각하기도 해요. 물속을 헤엄쳐 다니는 부드러운 곡선 모양으로 생긴 모습이 물고기와 닮았기 때문이에요. 하지만 녀석은 물고기가 아니에요. 물속에서 살아가지만 아가미호흡을 하지 않고 폐호흡을 하고 살아가는 포유류죠. 마치 우리처럼 말이에요. 지금이야 물고기를 닮았지만 지구상에 맨 처음 등장했을 때부터 그런 모습은 아니었어요.

그럼 지구상에 최초로 등장했던 돌고래는 어떤 모습이었을까요? 돌고래를 연구하는 사람들에 따르면 최초의 돌고래는 얕은 물가에 사는 초식동물이었다고 해요. 지금은 다리가 사라지고 없지만 당시에는 네 개의 다리를 이용해 뛰어다녔대요. 물속을 헤엄치지 않고 네 발로 뛰어다니는 돌고래의 모습이 잘 상상이 안 되지요? 지금은 물속을 떠나 들판을 뛰어다니는 돌고래를 상상하는 것이 매우 어색하지만 당시에는 익숙한 모습이었을 거예요.

최초로 등장했던 돌고래들이 주로 먹었던 음식은 물고기였어요. 녀석들은 물가 주변에서 물고기를 사냥해서 배를 채웠어요. 처음에는 물 밖에서 물고기를 사냥했지만, 시간이 지날수록 조금씩 물속에 들어가서 물고기를 잡는 것이 더 쉽게 성공할 수 있음을 깨달았어요. 그리고 물속 생활에 적응하다 보니 다리를 쓸 일이 많이 줄어들어 필요 없게 되었어요. 결국에는 다리가 전부 없어지면서 지금과 같은 물고기의 모습이 되었어요.

'돌고래는 포유류면서 왜 물고기와 같은 모습을 하고 있는 걸까?' 이런 호기심이 없었다면 우리는 최초의 돌고래가 어떤 모습이었을지 궁금해하지도 않았고, 알아낼 수도 없었을 거예요. 호기심 덕분에 돌고래에 관한 지식을 쌓고 더 나아가 자연을 이해하는 힘을 기를 수 있었던 거지요.

○
바다 속을 본 적이 있니?

깊은 바다 속은 어떤 모습을 하고 있을까요? 텔레비전에서 보여주는 모습처럼 밝고 환한 모습일까요? 우리가 방송에서 바다 속을 볼 수 있었던 것은 빛을 이용해서 촬영했기 때문이에요. 하지만 실제 바다 속은 빛이 닿지 않는 어두운 곳이에요. 조금만 깊이 들어가도 아무것도 보이지 않는 암흑의 세계가 되고 말죠. 빛이 없는 곳에서는 더 이상 눈으로 사물을 보고 판단하는 것이 의미가 없어요. 그렇다면 아무것도 볼 수 없는 바다 속에서 녀석들은 어떻게 살아가는 걸까요?

깊은 바다 속에서 살아가는 생물들은 눈이 아니라 소리를 통해 세상을 만나요. 소리를 이용해 먹이 사냥을 하고 또 천적을 피해 다니는 것이죠. 수많은 생물들이 만들어내는 다양한 소리는 바다 속을 더욱 풍성하게 만들어요. 바다 속은 소리의 천국이라고 할 수 있어요. 돌고래 역시 바다 속에서 소리를 능숙하게 이용해요. 녀석들은 소리를 통해 서로 이야기를 나누고 또 바다 속 물체의 위치를 확인하죠.

하지만 그 소리를 사람들이 들을 수는 없어요. 녀석들은 사람이 들을 수 없는 초음파를 내기 때문이에요. 만약 돌고래 소리를 사람들의 말로 번역하는 기계가 만들어진다면 돌고래와 자유롭게 이야기할 수 있을 거예요. 불가능한 일처럼 보이지만 호기심과 상상력이 뒷받침된다면 그런 날이 올 수도 있을 거예요.

가만히 눈을 감고 자연의 소리에 귀를 기울여 보세요. 지렁이가 땅바닥을 꿈틀거리며 기어가는 소리, 새싹이 땅을 박차고 싹을 틔우는 소리, 개미가 더듬이를 움직이는 소리를 들어보세요.

그런 소리는 너무 작아서 들을 수 없다고요? 우리들 귀에만 들리지 않을 뿐이지 소리가 나오지 않는 것은 아니에요. 돌고래의 초음파처럼 말이에요. 녀석들 눈높이에서 아주 작은 몸짓과 소리 하나라도 놓치지 않기 위해 집중해 보세요. 훨씬 더 많은 이야기들이 여러분의 감각 레이더에 잡힐 거예요.

 엄마는 모두 알고 있어!

과학자들은 돌고래가 내는 소리가 3만 헤르츠에5만 헤르츠 대역의
주파수라고 해요. 그런데 사람은 20헤르츠~2만 헤르츠까지만 들을
수 있다고 해요. 돌고래가 내는 소리는 사람이 들을 수 없을 만큼 높죠?
아주 높은 음까지 부를 수 있는 가수에게 '돌고래'라는 별명을 붙이는 건
이 때문이에요.!

돌고래는 아래턱으로 초음파를 듣는대요.

뿡뿡!
내 방귀는 나쁜 애들을 쫓는 폭탄이야

폭탄먼지벌레

○

나는 폭탄처럼 방귀를 뀐다고!

곤충은 지구상의 수많은 생물 가운데 75% 이상을 차지할 만큼 그 수가 많아요. 우리는 인간이 지구의 주인이라고 생각하지만, 사실 종류와 수로만 따지면 곤충이 지구의 주인이라고 할 수 있죠. 곤충은 수가 많은 만큼 사는 환경에 따라 생태도 다르고 생김새도 모두 제각각이에요. 그중에서 재미있는 친구가 있어 여러분께 소개해볼까 해요. 바로 폭탄먼지벌레예요. 녀석은 텔레비전 방송에서도 여러 번 나왔을 정도로 독특한 습성을 가졌어요. 어떤 점들이 사람들의 호기심을 자극하는지 알아볼까요?

폭탄먼지벌레는 이름에서도 알 수 있듯이 무시무시한 폭탄방귀를 뀌는 녀석이에요. 방귀의 속도는 초속 10미터에 이르고 100도가 넘는 수증기와 독가스가 발사된다고 해요. 녀석의 방귀가 손에 닿으면 화상을 입은 것처럼 빨갛게 변하는 것을 볼 수 있어요.

그렇다고 아무 때나 방귀를 뀌는 것은 아니에요. 녀석들은 개구리나 두꺼비와 같은 무서운 천적이 나타나면 방귀를 뀌어요. 폭탄방귀로 자신의 몸을 보호하려는 것이죠. 만약 개구리나 두꺼비가 멋모르고 녀석들을 삼키게 되면 폭탄과 같은 방귀를 발사해서 혼쭐내버리죠. 맨손으로 폭탄먼지벌레를 만지게 되면 천적으로 여겨서 방귀를 뿡뿡 퍼부을 수도 있으니 조심해야 해요.

○
내가 어디에 사는지 모를 거야

먼지벌레라는 이름처럼 폭탄먼지벌레는 땅 위를 먼지가 나듯 재빨리 이동해 다녀요. 그래서 관찰하는 것이 결코 쉽지는 않아요. 녀석들을 자세히 살펴보려면 루페를 이용하는 것이 좋아요. 루페는 돋보기와 비슷한 확대경으로, 작은 곤충들을 가둬두고 확대해서 관찰할 수 있거든요. 그럼 벌레의 생김새를 살펴보면서 하나하나 호기심을 풀어볼까요.

녀석의 전체적인 몸 색깔은 누런색과 검은색을 띠고 있어요. 마치 군복무늬와 비슷하죠. 몸 색깔이 이렇게 얼룩덜룩한 까닭은 무엇일까요? 어떤 특별한 이유가 있을 것 같은데요. 바로 천적으로부터 몸을 보호하기 위해서예요. 천적에게 모습을 들키더라도 몸 색깔을 흙이나 돌 색깔 등 주변 환경과 비슷하게 해서 눈에 잘 뜨이지 않게 하는 것이죠. 몸 색깔도 생존 전략인 셈이에요.

겉으로 드러나는 생김새에 관한 호기심들은 조금만 깊이 생각해 보면 쉽게 해결될 수 있는 것들이에요. 하지만 녀석들이 어떻게 행동하고 사는지에 대한 궁금증은 생각만으로는 잘 해결되지가 않아요. 예컨대 '언제 방귀를 뀔까?', '방귀가 발사되는 원리가 무엇일까?', '얼마나 오랫동안 방귀를 뀔 수 있을까?'와 같은 호기심을 해결하기 위해서는 철저한 계획을 세워서 탐구를 해야 해요. 실험에 영향을 줄 수 있는 다양한 조건들을 잘 챙겨 알고 싶은 내용만을 의도적으로 바꿔가며 실험을 해나가는 거죠.

○
나의 방귀는 과학이라고!

그런데 폭탄먼지벌레의 방귀는 어떻게 만들어져 발사되는 걸까요? 이런 종류의 호기심을 해결하는 것은 결코 쉬운 일이 아니에요. 몸속에서 일어나는 현상은 우리 눈에 보이지 않기 때문이에요. 또 볼 수 있다고 해도 왜 그런 일이 일어나는지에 대한 지식도 있어야지요. 그래서 때로는 그 분야의 전문가에게 도움을 받으면 훨씬 더 쉽게 호기심을 해결할 수 있어요. 정답을 알려달라는 요청이 아니라 어디까지나 가르침과 조언을 받는 범위에서 말이에요.

폭탄먼지벌레의 몸속을 들여다보면 폭탄가스를 만들 수 있는 두 개의 분비샘이 있는 것을 알 수 있어요. 한 곳에서는 하드로퀴논이라는 물질과 과산화수소가 각각 저장되어 있고, 다른 분비샘

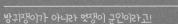

1 2
3

방귀쟁이가 아니라 멋쟁이 군인이라고!

1 폭탄먼지벌레는 색깔 때문에 흙과 구분이 잘 안 가요. 꼭 군복을 입은
것 같죠? 2 폭발낭. 여기에서 무시무시한 방귀가 뿡뿡! 나와요. 3 폭탄
먼지벌레는 작은 곤충을 잡아먹고 살아가요. 죽은 동물도 즐겨 먹기 때
문에 생태계를 청소하는 역할을 하기도 하죠.

에는 이 물질들과 반응을 일으키는 카탈라아제와 페록시다아제가 들어 있죠. 평소에는 두 분비샘의 판막이 닫혀 있지만 위협을 느끼면 판막을 열어 여러 물질을 반응실로 내보내서 폭발적인 화학반응을 일으키게 해요.

방귀쟁이로만 알고 있었는데, 폭탄먼지벌레에게 이런 비밀이 숨어 있었다니, 정말 놀랍죠? 우리들 눈에는 녀석이 폭탄방귀를 아주 쉽게 뿡뿡 뀌는 것처럼 보이지요. 하지만 녀석이 뀌는 방귀에는 우리가 알고 있는 것보다 훨씬 더 복잡하고 과학적인 원리가 있었던 거예요. 우리와 자주 만나는 생물들이 보이는 행동이나 습성은 별것 아닌 것처럼 느껴질지도 몰라요. 하지만 인간의 기술로 그런 모습을 직접 만드는 것은 매우 어려운 일이에요. 만약 사람들이 폭탄먼지벌레와 같은 로봇을 만든다고 생각해 보세요. 폭탄방귀를 어떻게 만들어야 할지, 또 어떻게 발사시켜야 할지 벌써부터 머리가 아파지죠?

○
방귀는 아무 때나 뀔 수 없어!

폭탄먼지벌레는 꽁무니를 자극하면 하루에도 수십 번씩 방귀를 뀌어요. 특히 무더위가 한창 기승을 부리는 여름날에는 방귀를 뀌는 횟수도 매우 잦아져요. 하지만 날씨가 쌀쌀해진 초가을 무렵이 되면 언제 그랬냐는 듯이 방귀를 거의 뀌지 않아요. 작은 자극에도 방귀를 뀌던 녀석이 돌연 웬만한 위협에는 꿈적도 하지 않게 된다니 수상하지요? 방귀를 뀌는 횟수가 계절의 변화와 관련이 있을 것 같지 않나요?

사람들은 사계절 내내 아무렇지 않게 살아갈 수 있지만 어떤 동물들은 겨울에는 거의 움직이지 않은 채 잠만 자는 경우가 많아요. 녀석들은 겨울잠에 들어가기 전에 겨우내 버틸 수 있는 에너지를 보충해야 해요. 최대한 많은 먹이를 먹고 살을 찌워서 아무것도 먹지 않아도 긴 시간을 버틸 수 있도록 말이에요.

폭탄먼지벌레의 경우에도 마찬가지에요. 녀석들은 긴 겨울을 보내기 위해 최대한 힘을 낭비하지 않고 몸속에 채워 나가요. 그런데 방귀를 뀌는 것은 꽤나 많은 힘을 낭비하는 일이에요. 겨울을 나려면 에너지를 비축해 두어야 하기 때문에 예전 같으면 호들갑스럽게 뿡뿡거렸을 일에도 방귀를 뀌지 않고 참는 거지요.

여기까지 폭탄먼지벌레에 관한 다양한 호기심을 풀어봤어요. 때로는 가볍게 궁금증을 해결할 수도 있었고, 꼼꼼하고 과학적인 방법이 필요하기도 했어요.

중요한 것은 아무리 풀기 어려운 문제라도 포기하지 않고 계

속해서 노력하는 자세예요. 아무리 불가능해 보이는 문제일지라
도 끈기를 가지고 꾸준하게 고민하다 보면 언젠가는 해결할 수
있을 거니까요.

엄마는 모두 알고 있어!

하드로퀴논이니 페록시디아제니 하
는 말이 어렵죠? 하지만 과학에 관
심이 있다면 이런 것도 알아야 해
요. 두 분비샘의 판막이 열려 합쳐지
면 과산화수소는 물과 산소로 분해
돼요. 하이드로퀴논은 산 피-퀴논이
라는 산성물질이 된대요. 이 과정에
서 100℃가 넘는 온도의 수증기와 독
가스 폭탄이 발사되는 거지요.

방귀 발사 순간!

말이 아니어도
얼마든지 이야기할 수 있어

도롱뇽

○
나는 물에서도 살 수 있고 땅에서도 살 수 있어

호기심을 기르려면 먼저 궁금한 대상에 대해서 어느 정도의 지식을 갖고 있어야 해요. 궁금한 대상에 대해서 아는 것이 별로 없다면 단순하고 일시적인 호기심으로 끝나고 말거든요. 도롱뇽에 대해 호기심이 생겼다면 생김새는 어떻고, 또 어떤 습성을 가지고 있는지 알아야 해요. 여러분이 아는 만큼 도롱뇽을 자세히 관찰할 수 있고 또 거기서 궁금한 점들이 새롭게 생길 수 있으니까요. 호기심은 가슴속에 품었던 질문을 해결하기 위해 노력할수록 꼬리에 꼬리를 물고 나타나기 마련이에요.

도롱뇽은 양서류에 속한 생물이에요. 양서류는 물과 뭍을 오가며 살아가는 녀석들을 가리켜요. 얘네들은 다시 꼬리가 달린 무리와 꼬리가 없는 무리로 나눌 수 있어요. 도롱뇽은 꼬리를 가진 무리에 속한 녀석으로 마치 개구리가 되다가 만 듯한 모습을 하고 있어요. 꼬리가 달린 모습이 올챙이가 개구리로 성장하면서 꼬리가 없어질 무렵과 비슷하기 때문이에요.

다 자란 도롱뇽을 만나는 것은 결코 쉽지 않은 일이에요. 낮에는 흙이나 낙엽 속에 숨어 있다가 밤이 되어야 활동을 시작하기 때문이에요. 우리가 보는 도롱뇽의 모습은 대부분 알덩어리 상태일 때에요. 움직이지 않고 한곳에 머물러 있기 때문에 상대적으로 쉽게 발견할 수 있어요. 봄철 계곡이나 물웅덩이 속에 있는 도롱뇽 알덩어리는 볼 때마다 신기하고 궁금증을 불러일으켜요. 가까이서 볼 수 있고 직접 만져볼 수도 있어서 호기심이 더욱 커지죠. 그럼 도롱뇽을 자세히 들여다볼까요?

○
도롱뇽은 알을 꽁꽁 묶는다

먼저 도롱뇽의 알부터 살펴볼까요? 도롱뇽은 추운 겨울에는 활동을 거의 중단한 채 겨울잠을 자요. 그러다 날씨가 따뜻해지는 봄이 되면 겨울잠에서 깨서 서서히 활동을 시작하죠.

녀석이 일어나서 가장 먼저 하는 일은 짝을 찾는 거예요. 짝짓기를 하고 알을 낳기 위해서죠. 짝짓기가 끝난 도롱뇽 암컷은 물살이 빠르지 않은 계곡 가장자리나 물웅덩이 속에 순대처럼 생긴 투명한 알을 낳아요.

도롱뇽의 알덩어리를 본 적이 있는 친구라면 알을 둘러싸고 있는 젤리 같은 물질이 무엇인지 많이 궁금했을 거예요. 손으로 만져보면 미끈미끈하고 물컹거리는 느낌이 무척 신기하기도 했을 테고요. 독특하게 생긴 투명한 물질은 우무질이라고 하는데, 알을 감싸서 안전하게 보호하는 역할을 해요. 달걀 속 흰자와 노른자를 달걀 껍데기가 둘러싸고 있듯이 말이에요.

도롱뇽이 낳은 알덩어리들이 어디어디 있나 가만히 살펴보면 한 가지 공통점을 찾을 수 있을 거예요. 바로 녀석들이 알을 아무렇게나 낳지 않고 물속의 돌이나 낙엽, 나뭇가지 등에 걸쳐 놓았다는 것이죠. 그냥 물속에 낳아도 될 텐데 굳이 힘들게 돌이나 나뭇가지에 알덩어리를 감아 놓은 이유가 무엇일까요?

눈치가 빠른 친구라면 쉽게 그 이유를 찾았을 텐데요. 바로 알덩어리가 물살에 떠내려가지 않게 단단히 묶어놓은 거예요. 도롱뇽 엄마들에게는 알을 탐내는 천적보다 훨씬 더 무서운 것이 바로 빠른 물살이기 때문이에요. 수많은 천적들과 빠른 물살을 꿋꿋하게 견뎌낸 녀석들만이 알을 깨고 도롱뇽으로 자라날 수 있어요.

맨 처음 도롱뇽 알덩어리를 보았을 때는 그저 '신기하구나' 하는 생각만 들었을 거예요. 하지만 이렇게 자세히 알덩어리에 대해서 관찰하고 탐구를 하다 보니 자연스럽게 계속해서 궁금한 것들이 생겨났을 거예요. 호기심이 꼬리에 꼬리를 물고 생겨나는 것이죠. 그리고 그런 호기심들이 여러분도 모르는 사이에 생각하는 힘을 무럭무럭 자라게 했을 거예요.

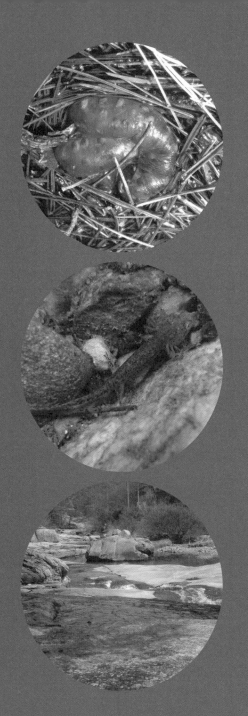

1
2
3

미끈미끈 알에서 태어난
매끈매끈 도롱뇽

1 젤리 같은 우무질로
꽁꽁 묶은 도롱뇽의 알.
2 새끼 도롱뇽. 아직 다
리가 짧아서 올챙이 같은
모습이에요. 3 도롱뇽을
만날 수 있는 계곡. 알
이 물살에 떠내려가지
않도록 돌이나 낙엽에
걸쳐 놓아요.

○

어른이 되면서 변신을 한다!

알은 젤리처럼 생긴 우무질 속에서 무럭무럭 성장해 가요. 맨 처음 작은 점처럼 보이던 녀석이 머리도 생기고 다리도 나오고 또 심장이 뛰기 시작하죠. 그러다 어느 정도 성장한 아기 도롱뇽은 가장 안전한 공간인 우무질을 뚫고 천적들이 우글거리는 밖으로 나와요. 우무질 밖으로 나오지 못한 녀석들은 결국 죽음을 맞이하고 말죠. 우무질을 뚫고 밖으로 나온 아이들만이 어른으로 성장할 수 있어요.

아기 도롱뇽은 물속을 헤엄쳐 다니며 먹이를 잡고 때로는 다른 아기 도롱뇽들과 싸움을 하기도 해요. 짧았던 다리는 길어지고 덩치도 더 커지면서 점점 어른 도롱뇽의 모습을 갖추어 가죠.

물속에서만 생활하는 아기 시절과 다르게 땅위에서도 살아가는 어른이 되면 몸에 커다란 변화가 생겨요. 바로 물고기와 비슷한 아가미가 사라지고 대신 우리와 비슷하게 폐가 발달한다는 것이죠. 아기 때에는 아가미로 숨을 쉬었지만 다 자라 어른이 되면 폐호흡을 하며 살아가요.

여러분이 지금보다 더 성장하기 위해서는 때로는 가장 익숙하고 편안하다고 여겼던 곳을 과감히 버리고 떠날 필요가 있어요.

그렇다고 부모님 몰래 집을 떠나라는 말이 아니에요. 도롱뇽이 안전한 우무질을 깨고 바깥세상으로 나아가듯이 새로운 도전을 하고 스스로에게 변화를 주어야 새롭고 넓은 세상을 만날 수 있다는 말이지요. 보다 많은 경험을 하는 만큼 생각 또한 무럭무럭 자랄 테니까요.

○
도롱뇽은 어떻게 울까?

우리는 말을 통해 서로 생각을 주고받지요. 그러면 말을 하지 못하는 동물들은 어떻게 의견을 주고받을까요? 꼭 말을 하지 않아도 동물들 또한 얼마든지 이야기를 나눌 수 있어요. 예를 들어 개구리는 울음소리로 이야기를 나눠요. 개구리에게 울음소리란 우리의 말과 같은 셈이죠.

그렇다면 개구리와 같은 양서류에 속한 도롱뇽은 어떻게 의사소통을 할까요? 녀석도 개구리처럼 소리 내어 개굴개굴 울까요? 다 자란 도롱뇽을 만나본 적이 있는 친구라면 한번쯤 이런 호기심을 가져 본 적이 있었을 거예요. 녀석들은 개구리와 달리 소리 내서 울지 못해요. 그럼에도 도롱뇽들 또한 서로 속닥속닥 이야기를 주고받지요.

그럼 말을 할 수도 없고, 울음소리도 낼 수 없는 도롱뇽이 어떻게 서로 대화를 주고받을 수 있는 것일까요? 비밀은 바로 페로몬이라는 물질에 숨어 있어요. 녀석은 페로몬을 이용해 짝을 찾고 또 의사소통을 해요.

우리는 의사소통이 소리로만 이루어진다고 생각하는 경우가 많아요. 하지만 소리보다 더 많은 내용이 눈빛이나 몸짓을 통해 전달되는 경우도 많지 않나요? 게다가 우리는 때로는 말로 거짓을 전달하기도 하지요.

우리 또한 도롱뇽처럼 페로몬을 이용해 이야기를 나눈다면 어떨까요? 만약 페로몬이 있는 그대로의 진실을 전달한다면 거짓으로 서로를 속이고 진실을 감추는 일 따위는 없어질지도 모르지요. 엉뚱하지만 재미있는 상상이지요?

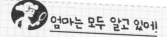 엄마는 모두 알고 있어!

페로몬은 같은 종끼리 집단생활을 하는 데 영향을 미치는 생체물질 모두를 가리키는 말이에요. 무슨 말인지 모르겠다고요? 우리의 겨드랑이에서 나는 냄새도 사실은 이성을 유혹하는 페로몬 때문이라고요!

내 친구가 알고 보니
또 다른 나였다고?

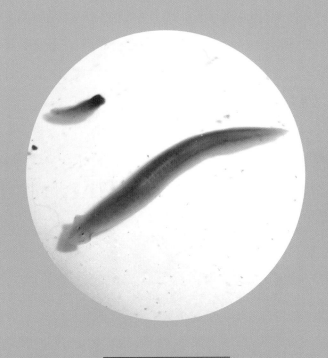

플라나리아

○
플라나리아는 어디에 다 숨어 있을까?

주변에 조금만 관심을 가지면 호기심을 자극하는 대상을 많이 찾을 수 있어요. 풀숲을 기어 다니는 딱정벌레, 참나무 수액을 빨아먹는 장수풍뎅이, 회전하면서 땅으로 떨어지는 단풍나무 열매 등 독특하고 신기한 모습들이 우리의 시선을 잡아끌죠. 하지만 모든 녀석들이 우리 눈에 쉽게 보이는 것은 아니에요. 녀석들 중에는 조금 더 깊이 들여다봐야만 발견할 수 있는 친구들도 있어요. 바로 일급수라고 부르는 아주 맑은 물이 흐르는 개울가에서만 살아가는 플라나리아처럼 말이에요.

플라나리아는 주로 돌 밑바닥에 숨어 있어서 돌을 들추고 자세히 들여다 봐야만 찾을 수 있어요. 처음에는 돌에 달라붙어 있는 녀석이 생물처럼 안 보일 수도 있어요. 하지만 가만히 기다려 보면 살아 있는 생명체답게 조금씩 꿈틀거리는 모습을 볼 수 있죠. 자연 속에 살아가는 수많은 생물들 가운데 우리가 볼 수 있는 것은 아주 조금뿐이에요.

사람들의 손길이 잘 닿지 않는 깊은 땅속이나 바다 속은 아는 것보다 모르는 것이 훨씬 더 많아요. 플라나리아처럼 사람들이 잘 모르는 세상에서 살아가는 생물들을 관찰하고 탐구하는 것은 훨씬 더 우리의 호기심과 상상력을 풍성하게 해줘요. 그 안에 무엇이 들어 있는지 모르면 더욱 더 궁금해지잖아요? 마찬가지로 쉽게 만나지 못한 생물, 잘 모르는 세상은 우리의 호기심을 더욱 더 자극시키지요. 그럼 이제까지 쉽게 볼 수 없었던 플라나리아의 세계로 들어가 볼까요?

○
플라나리아를 들여다보자

플라나리아는 생김새가 매우 독특해요. 위에서 보면 기다란 리본처럼 생겼지만 옆에서 보면 편평하고 납작한 형태를 띠고 있죠. 녀석은 가재나 물고기와 달리 일정한 모습을 가지고 있지 않아요. 몸속에 뼈가 없기 때문에 온몸을 자유자재로 늘였다 줄였다 변형시킬 수 있거든요. 물속에서는 주로 몸을 넓게 펴고 있다가 물 밖으로 나오면 잔뜩 움츠러들기도 하지요.

플라나리아가 이렇게 독특한 몸을 가진 까닭은 무엇일까요? 물속에서 편평한 몸으로 살아가는 까닭은 돌 밑바닥에 달라붙을 수 있기 위해서일 거예요. 덕분에 흐르는 물에 의해 이리저리 떠내려 다니지 않고 한곳에서 살아갈 수 있게 되었지요.

그럼 반대로 물 밖에서 몸을 홀쭉하게 마는 까닭은 무엇일까

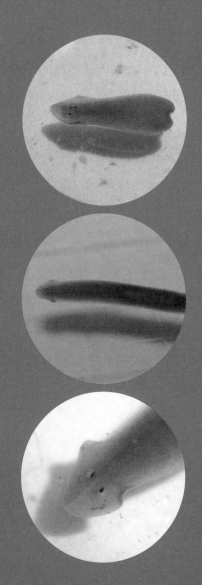

①
②
③

나는 반으로 갈라지면 친구
가 늘어나서 오히려 좋아

1 반으로 뚝! 잘린 플라나리
아. 2 하지만 금세 원래의 몸
으로 돌아갔네요! 3 플라나리
아 머리예요. 작지만 있을 건
다 있죠?

요? 바로 햇빛이나 천적으로부터 스스로를 보호하기 위해서예요. 몸을 동그랗게 말면 피해를 받는 면적을 최소화할 수 있기 때문이죠. 호기심을 하나씩 해결하면 우리가 이제껏 몰랐던 지식을 하나씩 얻을 수 있어요.

하지만 그것뿐만이 아니에요. 무언가를 알아가는 것보다 더 중요한 것은 호기심을 해결하는 과정 속에서 자연스럽게 사물이나 현상을 바라보는 눈높이가 높아진다는 사실이에요. 누군가에게는 플라나리아가 꿈틀거리기나 하는 조그만 동물에 불과할지도 몰라요. 하지만 호기심으로 눈을 반짝거리는 다른 누군가에게는 우리 인간들이 풀어야 하는 중요한 문제를 해결할 수 있는 위대한 생물로 보일 수도 있는 것이죠.

○
플라나리아는 죽지 않아!

세상에 영원한 생명을 가진 생물이 있을까요? 아침이 있으면 저녁이 있고, 봄이 있으면 겨울이 있고, 젊음이 있으면 늙음이 있고, 탄생이 있으면 죽음이 있고, 시작이 있으면 끝이 있죠. 생물이든 생물이 아니든 자연계에 있는 모든 것은 태어났으면 언젠가는 사라지기 마련이에요.

천 년 만 년을 살 것 같은 사람도 마찬가지에요. 다만 죽음이 아주 먼 미래의 일이라고 생각하며 당장은 나와 상관없겠거니 하고 잊고 살아가는 거죠. 영원히 죽지 않고 오래오래 건강하게 사는 것, 이것을 어른들처럼 얘기하자면 '불로불사'라고 해요. 불로불사는 많은 사람들이 오래전부터 품어온 꿈이에요.

그런데 동화 속 이야기처럼 영원히 사는 생물이 있어요. 바로 플라나리아예요. 녀석이 간직한 비밀을 풀면 우리 인간들도 더 이상 아프거나 병들지 않고 오래오래 살아갈 수 있을지도 몰라요.

플라나리아를 영원한 삶의 비밀을 푸는 열쇠로 여기는 까닭은 무엇일까요? 바로 녀석들이 몸체가 잘려도 다시 원래의 몸으로 돌아갈 수 있는 놀라운 능력을 가졌기 때문이에요. 만약 상처를 내는 정도가 아니라 반으로 뚝 자른다면 어떻게 될까요? 끔찍한 상상 같지만 간단한 실험을 통해 알아낼 수 있어요. 녀석은 가로든 세로든 어느 부위로 잘리든지 간에 반 토막이 난 각각의 몸을 원래대로 회복시켰어요. 한 마리가 두 마리가 된 거죠! 영국 노팅엄대학교의 과학자들은 이런 방법으로 플라나리아 한 마리를 2만 마리까지 늘리는 데 성공하기도 했다고 하네요.

더욱 놀라운 사실은 어떤 부위를 자르든지 간에 잘라진 몸체에서 새로운 뇌가 만들어진다는 거예요. 새롭게 만들어진 뇌는 이전의 뇌와 똑같은 기억을 가지게 돼요. 마치 만화나 SF영화에서 나오는 복제인간 이야기 같지요?

여기서 우리 친구들은 이런 질문을 떠올릴 거예요. '과학자들은 말도 통하지 않을 텐데 어떻게 플라나리아가 기억을 잃지 않는다는 사실을 발견한 걸까요?' 매우 어려운 질문 같지요? 대부분의 사람들은 이 문제를 해결하기 위해서 하나에서 둘로 늘어난 플라나리아 각각의 뇌를 비교해봐야 한다고 생각할 거예요. 하지만 가뜩이나 조그마한 플라나리아에게서 뇌를 찾아 들여다보는 것도 쉽지 않고, 또 둘을 비교한다고 해서 서로 무슨 생각을 하는지 차이점을 발견하기도 어려울 거예요.

이럴 때는 조금 더 먼 거리에서 생각들을 살펴보다 보면 의외로 쉽게 해결방법을 찾을 수 있어요. 바로 잘린 몸에서 나온 플라나리아가 있는 곳에 전혀 새로운 플라나리아를 놓고 각각의 플라나리아가 어떻게 활동하는지를 비교해 보는 거예요. 만약 기억이 전달되었다면 잘린 몸에서 나온 플라나리아는 이전에 학습했던 행동을 보일 테고, 그렇지 않다면 새로운 플라나리아와 비슷하게 행동할 테니까요.

실험을 해보니 새로운 녀석은 낯선 환경에서 먹이를 찾아내는 데 상당한 시간이 걸린 반면에 이전에 같은 장소에서 먹이활동을 했던 녀석에서 잘려져 나온 플라나리아는 빠르게 먹이를 찾아낼수가 있었다고 해요. 잘린 몸에서 나와 새롭게 재생된 플라나리아는 원래 녀석과 똑같은 기억을 가지고 있다는 것이지요. 호기심은틀에 박힌 생각으로는 해결되기 어려워요. 하지만 생각을 달리하면 의외로 쉬운 곳에 해결방법이 숨어 있기도 하죠. 플라나리아가기억을 유지하는 것을 알아보는 방법처럼 말이에요.

○
플라나리아는 어떻게 쉽게 상처가 나을까?

그렇다면 어떻게 플라나리아 몸은 그렇게 잘려나가도 금세 회복될 수 있는 걸까요? 바로 줄기세포 덕분이에요. 줄기세포는 자기증식을 통해 다양한 신체조직으로 갈라져 나갈 수 있는 능력을가지고 있는 세포를 말해요.

우리 몸에는 줄기세포가 있는 부위와 그렇지 않은 부위가 있어요. 피부는 상처가 나더라도 다시 재생이 되어요. 생각해볼까요?어디 넘어져서 크게 상처가 났어도 시간이 지나 딱지를 조심스럽게 떼고 나면 새 살이 돋아나 있잖아요. 그건 피부가 줄기세포가있는 신체부위라서 그래요. 하지만 몸속에 있는 장기에는 줄기세포가 없기 때문에 한번 망가지면 다시 돌아오기가 어려워요.

엄마는 모두 알고 있어!

줄기세포는 아직 분화되지 않아 얼마든지 다른 세포로 변할 수 있는 세포를 말해요. 그래서 뭐든지 할 수 있다는 뜻에서 '만능' 세포라고도 해요. 하지만 사람을 이용하는 줄기세포 실험은 여러 다툼과 고민을 불러일으키기도 해요.

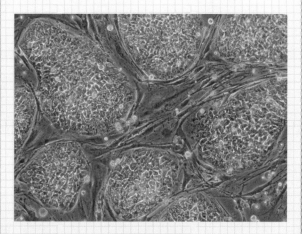

배아단계의 줄기세포

플라나리아의 몸은 줄기세포로 구성되어 있어서 몸이 잘리더라도 재생될 수가 있어요. 또한 플라나리아는 잘려진 몸에서 개체를 죽지 않게 하는 특별한 효소를 끊임없이 생산해요. 덕분에 녀석들이 원래의 형태로 재생이 될 수 있는 거예요.

플라나리아가 가진 재생의 비밀을 풀면 손상되거나 장애를 입은 신체를 원래의 모습으로 재생할 수 있어요. 새로운 뇌와 장기, 피부 등을 만들 수도 있고요. 더 이상 사람들이 아프거나 늙고 병들어서 죽지 않아도 되는 것이죠.

사람이 죽지 않고 영원히 살아갈 수 있는 아이디어를 하찮은 생물이라고만 여겼던 플라나리아로부터 얻은 거예요. 지금은 '영원히 살 수 있는 기술'이라고 하면 먼 미래의 꿈 같이 들리지만 가까운 미래에 현실이 될지도 몰라요. 우리의 호기심이 끝나지 않는 한 말이에요.

2

질문에서
다른 생각이 싹튼다

하루가 다르게 세상이 변하고 있습니다. 그 속도가 너무 빠르다 보니 오늘 배운 지식이 내일은 아무런 쓸모가 없게 되는 경우도 많지요. 인간이 해왔던 일들의 상당수가 인공지능으로 대체되는 지금, 새로운 지식을 생산하고 새로운 분야를 개척할 수 있는 창의력이 더욱 중요해졌습니다. 이러한 시점에서 당장의 첨단기술보다 수십 년, 수백 년의 시간이 흘러도 여전히 쓸모 있는 창의력이야말로 우리의 아이들이 가져야 할 가장 큰 경쟁력일 것입니다.

창의력은 나이를 먹어감에 따라 점점 성숙해지는 지적 능력이 아닙니다. 책상 앞에 앉아서 공부만 열심히 한다고 생기는 것도 아니지요. 창의력은 우리 아이들 주변의 사물이나 현상에 대해 의문을 갖고 끊임없이 탐구해야만 비로소 향상됩니다. 다소 엉뚱하고 바보 같은 생각이라도 좋으니 아이들이 마음껏 질문하고 해결하기 위해 노력하도록 도와주세요. 그럼 어제와 비교했을 때 깜짝 놀랄 정도로 아이들의 창의력이 무럭무럭 자라 있을 겁니다.

아이들의 창의력을 높이기 위해서는 '어떻게?'보다는 '왜?'로 시작하는 질문을 하도록 도와주는 것이 좋습니다. '어떻게?'로 시작하는 질문은 이미 발생한 문제를 해결하는 데 초점이 맞춰져 있습니다. 새로움을 발견하는 것보다는 현재의 상태를 안정적으로 유지하려는 경향이 강하지요.

하지만 '왜?'로 시작하는 질문은 다릅니다. '왜?'는 이전에 생각하지 못했던 새로운 질문을 만들어내고, 새로운 비전과 영역의 개척을 가능하게 합니다. 기존에 만나지 못했던 새로운 것을 만들기 위해서는 새로운 질문이 필요하지요. 아이들이 '왜?'라는 단어를 머릿속에 넣어두고 사물이나 현상을 바라볼 수 있도록 이끌어주세요. 새로운 지식과 기술은 이러한 사소한 과정을 거쳐 탄생된 것입니다.

아이들이 의문을 갖고 탐구하기 위한 최적의 대상은 바로 자연입니다. 인공적으로 만들어진 연필이나 지우개, 책상, 게임기 등은 생명력을 갖고 있지 않으니까요. 스스로 변화할 수 없고 그래서 새로움을 발견하기도 어렵습니다.

하지만 자연 속 수많은 생물들은 사람이 가꾸고 돌보지 않아도 스스로의 힘으로 끊임없이 변해갑니다. 식물은 싹을 틔우고 꽃을 피우고 열매를 맺은 뒤 잎을 땅으로 떨어뜨리죠. 나비는 알에서 애벌레가 되었다가 다시 번데기가 되어 성충으로 변해갑니다. 자연 속 구성원은 어느 것 하나 고정되거나 정체되지 않고 늘 변화의 과정 속에 있습니다. 그런 모습을 지켜보고 있노라면 질문이 꼬리에 꼬리를 이어서 끊임없이 생길 수밖에 없을 것입니다. 창의성의 기본 조건인 '질문하는 것'이 자연을 접하는 것만으로도 충분한 연습이 되는 셈이지요.

창의적인 사람들은 늘 의문을 가슴에 품고 해결하기 위해 노력해왔습니다. 아이에게 궁금한 질문이 생겼다면 머릿속으로 생각만 하고 있게 해서는 안 됩니다. 체계적인 계획을 세우고 과감하게 실천으로 옮겨 질문을 해결하도록 도와주세요. 만약 스스로의 힘으로 질문을 해결했다면 아이는 새로운 지식을 생산하는 주인공이 된 것입니다.

내가 없으면
지구는 지저분해질 거야

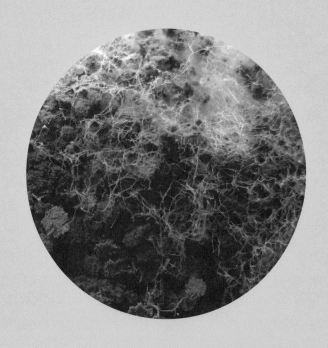

곰팡이

○
어딘가에서 짠! 하고 나타나는 곰팡이

곰팡이를 떠올려 보세요. 자동으로 눈살이 찌푸려지지 않나요? 눅눅한 곳에 거무튀튀하게 핀 곰팡이가 불결하다고 생각하기 때문이지요. 실제로 곰팡이는 비염이나 천식 등 건강에 좋지 않은 영향을 끼치는 경우가 많아요. 그래서 빵이나 과자에 곰팡이가 피어 있으면 거들떠보기도 싫어지죠.

하지만 곰팡이에 대한 부정적인 생각들은 편견일지도 몰라요. 곰팡이 중에는 사람들의 생활을 이롭게 도와주는 녀석들도 많이 있기 때문이에요. 때로는 더럽거나 징그럽게 여겨지는 대상들도 가만히 들여다볼 필요가 있어요. 내가 먼저 일부러 벽을 만들지 말고 있는 그대로의 모습을 받아들이는 거죠.

우리는 음식이나 물건에 곰팡이가 생기지 않도록 애를 써요. 하지만 그런 노력도 잠시일 뿐 시간이 지나면 곰팡이가 퍼지기 시작하죠. 신기하지 않나요? 처음에는 분명 아무것도 없었는데, 녀석들은 도대체 어디에서 온 것일까요? 곰팡이가 어느 날 갑자기 나타난 것처럼 보이지만 사실 녀석들은 우리 눈에 보이지만 않을 뿐 우리가 생활하는 곳곳에 흩어져 있어요. 집안은 물론 흙, 공기, 심지어는 물속에서도 살아가고 있죠.

○
곰팡이는 나쁘기만 할까?

곰팡이는 알려진 종류만 하더라도 3만~7만 종에 이를 만큼 그
수가 엄청나게 많아요. 아직까지 발견되지 않은 곰팡이들까지 합
치면 150만 종이 넘을 거라고도 해요. 곰팡이 중에는 누룩이나 푸
른곰팡이 등과 같이 인간을 도와주는 고마운 곰팡이들도 있어요.
녀석들은 오래전부터 사람들이 풀지 못했던 어려운 문제를 해결
해 왔어요.

지금과 같이 냉장고가 없던 시절, 음식을 오랜 기간 보관하는
것은 매우 어려운 일이었어요. 특히 무더운 여름철이 되면 시간이
조금만 지나도 음식이 상해버렸죠. 멋모르고 상한 음식을 먹게 되
면 병에 걸리거나 심지어는 죽게 되는 경우도 많았어요.

사람들은 어떻게 하면 음식을 오랫동안 보관할 수 있을까 고민
했어요. 그리고 그 해답을 곰팡이에게서 찾았어요. 곰팡이가 음식
을 썩게 하지 않고 발효시킨다는 사실을 발견한 것이죠. 그렇게
사람들은 곰팡이를 이용해 간장, 된장, 청국장, 치즈 등 다양한 발
효식품을 만들어서 오랫동안 보관하고 먹게 되었어요. 아무짝에
도 쓸모없는 생물처럼 보였던 곰팡이가 인류가 풀지 못했던 어려
운 문제를 해결해준 거예요!

곰팡이지만 너무 미워하지 말아줘

1 식빵에 핀 곰팡이. 냄새도 나고 보기도 좋지 않지만 녀석들이 오래 방치된 생물들을 청소해주는 덕분에 우리 지구가 깨끗해지는 거예요. 2 곰팡이를 확대한 모습. 곰팡이는 식물일까요? 아니면 동물일까요? 얼핏 보면 보글보글한 먹구름 같은데 말이에요. 3 플레밍 박사님은 곰팡이를 활용해 페니실린이라는 엄청난 약을 개발했어요!

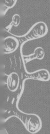

○

만약 곰팡이가 사라지면 세상은 어떻게 될까?

'만약 ~라면 어떨까?' 또는 '만약 ~하지 않는다면 어떻게 될까?'와 같은 질문을 해본 적이 있나요? '만약 곰팡이가 사라진다면 우리의 생활은 어떻게 될까?'와 같은 질문 말이에요. 이런 종류의 질문은 다양한 생각이나 의견을 이끌어낼 수 있는 힘이 있어요. 현실 속에서는 결코 일어날 수 없는 상황을 떠올리면 더욱 더 풍부한 상상의 세계를 펼칠 수 있거든요.

'만약 곰팡이가 지구상에서 없어진다면 어떻게 될까?' 이런 상상을 해보세요. 더 이상 음식이 상하지 않으니까 좋을 것 같나요? 아니면 더 이상 치즈를 먹을 수 없으니 서운한가요? 조금만 깊이 생각해보면, 곰팡이가 사라지면 사람들은 물론 지구에서 살아가는 모두에게 커다란 위기가 닥쳐올 것이라는 것을 알 수 있어요. 곰팡이가 지구에서 해오던 가장 큰 역할은 바로 생태계를 깨끗이 청소를 하는 거였어요. 이제 곰팡이가 사라졌으니 지구는 온통 동물들의 사체와 죽은 식물들로 가득 차 버릴 거예요. 사람들은 어디를 가나 주변에 가득 쌓인 죽은 생물들로 인해 큰 불편함을 느끼게 될 테고요. 곰팡이가 묵묵하게 제 역할을 다하고 있기 때문에 지구가 깨끗한 상태로 유지될 수 있는 거예요.

엄마는 모두 알고 있어!

국제환경단체인 어스워치는 지구상에서 가장 소중한 생물로 다섯 가지를 선정했는데, 그중에는 곰팡이도 들어 있어요. 나머지 네 가지는 플랑크톤, 꿀벌, 박쥐 그리고 우리 인간을 비롯한 영장류예요. 그만큼 곰팡이가 인간의 생활은 물론 생태계에서 차지하고 있는 역할이 막중하다는 뜻이겠죠?

나? 꿀벌이야.

○
인류를 질병으로부터 구한 페니실린

오랫동안 사람들은 왜 질병에 걸리는지 그 이유를 알지 못했어요. 19세기에 들어와서야 질병의 원인이 대부분 미생물 때문이라는 사실이 밝혀졌지요. 질병이 발생하는 원인은 밝혀졌지만 질병을 치료할 약을 개발하는 것은 결코 쉬운 일이 아니었어요. 많은 과학자들이 도전했지만 번번이 실패하고 말았죠. 플레밍 박사님이 푸른곰팡이로부터 페니실린을 발견하기 전까지는 말이에요.

플레밍 박사님은 1차 세계대전 당시 군에 입대해 장병들을 돌봤어요. 박사님은 전쟁터에서 다친 병사들이 세균에 감염되어 죽어가는 모습을 많이 봤어요. 그래서 어떻게 하면 고통받는 사람들을 치료할 수 있을지 끊임없이 질문을 했어요. 하지만 그 문제는 좀처럼 해결되지 않았어요. 해결의 실마리는 우연한 기회에 찾아왔어요. 박사님이 휴가를 다녀오는 동안 실험도구에 푸른곰팡이가 생겨났는데, 그 주변의 세균이 몽땅 사라져 버린 것이죠. 푸른곰팡이가 세균의 성장을 억제한다는 사실을 발견한 거예요.

푸른곰팡이로부터 페니실린이 발견되면서 질병으로 죽어가던 수많은 사람들이 생명을 되찾았어요. 곰팡이로부터 얻은 발견이 질병 치료의 새로운 시대를 열어젖힌 것이죠. 누군가에게는 곰팡이가 더럽고 지저분한 생물이었지만, 플레밍 박사님에게는 인류를 질병으로부터 벗어나게 할 위대한 생물이었던 거예요.

○
곰팡이는 동물일까? 식물일까?

'곰팡이는 동물일까요? 아니면 식물일까요?' 이런 생각을 해본 적이 있나요? 얼른 답부터 말하자면 곰팡이는 동물도 식물도 아니에요. 식물이라면 광합성을 통해 스스로 양분을 생산하지만 곰팡이는 스스로 양분을 생산하지 못해요. 녀석이 성장하기 위해서는 다른 유기물질이 필요하죠. 그렇다고 곰팡이가 무생물이라는 말은 더더욱 아니에요. 곰팡이가 어떤 생물인지 자세히 알아보려면 현미경이 필요해요. 현미경으로 곰팡이를 자세히 관찰해보면 가느다란 실처럼 생긴 모습을 볼 수 있을 거예요. 이를 '균사'라고 하는데 곰팡이는 균사로 구성된 균계에 속한 생물이에요.

존재하는 현상이나 사물을 좋은 것과 나쁜 것 또는 이것 아니면 저것 이렇게 단 둘로만 나누는 것은 매우 위험한 생각이에요. 이러한 생각을 '이분법'이라고 해요. 이분법은 자유로운 생각을 억누르고 이미 만들어진 틀 속에 생각을 끼워 맞추려고만 해요. 사람들이 저마다 품은 생각에 정답이 있는 것은 아니잖아요. 그런데 정해진 틀에 생각이 꼭 들어맞지 않는다고 해서 어떻게 오답이라고 할 수 있겠어요.

동물과 식물이라는 이분법으로만 판단해야 한다면 곰팡이는 동물도 아니고 식물도 아닌 애매한 생물이 되고 말아요. 새로운 종류를 만들면 되는데, 앞서 만들어진 종류에만 끼워 넣으려 하는 것이죠. 이제부터는 지금까지 있어 왔던 틀에 맞추려고만 하지 말고 여러분이 새로운 틀을 만들어 나가는 것은 어떨까요.

누구보다 더 높이,
더 멀리 뛸 수 있어

———————————————

벼룩을 잡는 소년, 헤라르트 테르보르흐, 1655년.

———————————

벼룩

○
작다고 해서 무시해도 되는 건 아니야

여러분은 벼룩에 대해서 얼마나 잘 알고 있나요? 벼룩을 전혀 보지 못한 친구들도 '벼룩에 간을 내어 먹는다'는 속담 정도는 들어본 적이 있을 텐데요. 벼룩은 몸길이가 1mm~8mm 가량으로 매우 작은 몸집을 가진 곤충이에요. 요즘에는 벼룩을 발견하기가 쉽지 않아요. 하지만 야외에서 많이 활동하는 개나 고양이와 같은 동물들에게서는 여전히 쉽게 찾을 수 있어요.

선생님은 어렸을 적 시골에 살 때 벼룩을 많이 봤어요. 특히 강아지가 다리로 마구 긁은 부위의 털을 뒤적거리면 어김없이 벼룩이 나왔어요. 하지만 찾은 것도 잠시, 벼룩은 툭 튀어서 어디론가 사라져버리곤 했어요. 그때 문득 이런 생각이 들었어요. '어떻게 저런 작은 몸으로 재빨리 점프를 해서 도망칠까?' 자기 몸의 수십 배나 넘게 높이 점프한다는 게 무척 신기한 일이잖아요. 너무 작아서 도무지 궁금한 점이라고는 떠오르지 않을 것 같았지만 가만히 생각해 보니 훌륭한 탐구 대상이 되었던 것이죠.

몸집이 작다고 해서 호기심이 덜 생기는 것은 아니에요. 질문은 생물이 크고 작은 것과는 아무 상관이 없어요. 오히려 들여다보는 생물의 몸집이 작으면 더 자세히 관찰하고 눈에 보이지 않는 너머까지 생각하고 고민하게 되지요.

○
벼룩은 어디서 살아갈까?

벼룩은 자기 몸보다 100배나 높이 뛸 수 있다고 해요. 몸집이 워낙 작은 녀석이라서 어느 정도로 높이 뛰는지 감이 잘 안 올 텐데요. 알기 쉽게 벼룩을 키가 170센티미터 가량 되는 어른으로 바꿔 생각하면 자그마치 170미터나 되는 높이를 뛰는 거예요. 170미터면 아파트 60층 정도의 높이니까 벼룩은 정말 말도 안 되는 점프 실력을 가진 거죠.

만약 여러분이 60층이 넘는 건물 꼭대기에 사는데 엘리베이터가 고장났다고 생각해보세요. 차마 걸어서 올라갈 생각은 하지 못하고 엘리베이터가 고쳐지기만을 기다릴 텐데요. 이때 벼룩처럼 점프를 할 수 있다면 60층까지 단번에 올라갈 수 있을 거예요. 지금 당장은 유치한 상상처럼 보일지도 모르지만 벼룩의 점프 속에 숨은 비밀을 응용해 이동수단을 만든다면 충분히 가능할 수 있어요. 아무리 불가능해 보이는 문제라도 계속해서 생각하고 질문하다 보면 새로운 해결방법이 생기기 마련이거든요.

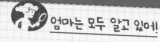

엄마는 모두 알고 있어!

녀석의 점프 실력이 이렇게 뛰어난 이유는 몸속에 '레실린'이라는 단백질이 들어 있기 때문이에요. 레실린은 주로 곤충들의 외골격에서 발견되는 물질인데 엄청난 높이로 점프하게 도와주고, 높은 위치에서 뛰어 내려도 안정적으로 착지할 수 있게 해주죠.

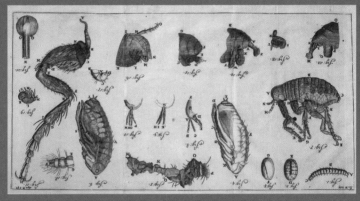

나를 잡으려다 집만 홀랑 태워 먹지!

1 벼룩은 이렇게 생겼어요. 지금은 보기 힘들지만 예전에는 벼룩이나 이를 잡는 모습이 무척 흔했습니다. 2 17세기 과학자 레벤후크가 벼룩을 관찰하고 남긴 기록이에요. 3 유럽에서 흑사병이 돌 당시 환자들을 치료했던 의사들이에요. 이상한 모양의 가면을 쓴 까닭은 전염병을 예방하기 위해서래요. 당시 유럽인들은 흑사병을 전염시키는 게 벼룩이란 걸 몰랐어요.

1

2

3

○
다른 동물의 피를 빨아먹는다고?

벼룩은 드라큘라처럼 피를 빨아먹고 살아가는 녀석이에요. 다른 동물의 몸에 빌붙어 살면서 두 시간도 넘게 피를 빨아먹을 정도예요. 피를 빨아먹는 것이야 모기를 비롯해 많이들 하니 흔하고 단순한 일이라고 생각할지도 몰라요. 하지만 조금만 더 관심을 갖고 살펴보면 피를 빨아먹는 것이 녀석에게는 결코 만만치 않은 일이라는 것을 알 수 있어요.

벼룩이 동물의 몸에 달라붙어서 피를 빨아먹으면, 동물들은 녀석들을 떨쳐내기 위해 발버둥을 쳐요. 작은 몸집을 가진 벼룩들은 약간의 움직임에도 날아가 버릴 것만 같을 테고요. 하지만 다리로 털기도 하고 몸을 진흙에 마구 비벼대는데도 벼룩은 붙어 있는 동물의 몸에서 떨어지질 않아요. 도대체 벼룩에게는 어떤 힘이 있기에 그렇게 작은 몸집으로도 오랫동안 버틸 수 있는 걸까요? 비결은 바로 벼룩의 침 끝이 갈고리 모양으로 이루어져 있기 때문이에요. 갈고리 모양의 침을 피부에 걸어 두면 올라탄 상대가 아무리 발버둥을 쳐도 떨어지지 않는 것이죠.

자연에서 살아가는 동물들은 모두 저마다의 생존전략을 가지고 있어요. 그래서 녀석들이 가진 비밀을 파헤치다 보면 새로운 기술이나 도구를 발명할 수도 있고, 또 인류가 맞닥뜨린 어려운 문제를 해결할 수도 있지요.

○

작지만 강한 곤충 벼룩

벼룩은 곤충들 사이에서도 몸집이 아주 작은 편에 속해요. 하지만 몸이 작다고 해서 결코 약한 곤충은 아니에요. 녀석은 공룡이 한창 활동하던 중생대 시기부터 나타나 현재까지 살아오고 있을 만큼 끈질긴 생명력을 가지고 있어요.

변화는 항상 위기와 기회를 동시에 가져오기 마련이에요. 변화란 흐름을 잘 읽고 철저하게 준비하는 사람들에게는 기회가 될 수 있지만, 그렇지 않은 사람들에게는 언제 어떻게 될지 모르는 위기일 뿐이에요. 우리는 변화를 두려워하기만 해서는 안 돼요. 오히려 스스로 위기를 만들어서라도 새로운 미래로 도전해 나가야 해요. 전쟁이라는 수많은 기술과 발명품은 위기 속에서 탄생한 것이에요. 위기에는 항상 지금을 뛰어넘을 수 있게 하는 강한 힘이 있어요. 작은 벼룩이 수많은 위기 속에서도 수억 년에 걸쳐서 살아남은 것처럼 말이지요.

물 위를 스케이트 타듯이
� 슝!

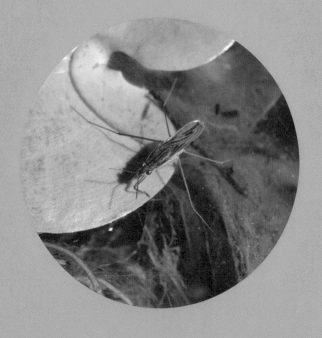

소금쟁이

○
소금쟁이는 왜 소금쟁이일까?

논이나 물웅덩이에 떠 있는 소금쟁이를 본 적이 있나요? 소금 쟁이는 물에 빠지지 않고 자유자재로 물 위를 뛰어다닐 수 있어 요. 물 위에서 한 걸음만 내딛어도 풍덩 빠지고 마는 사람들과는 전혀 다르죠. 소금쟁이는 우리 주변 곳곳에서 만날 수 있는 흔한 곤충이에요. 대부분의 사람들은 소금쟁이를 눈여겨보지 않고 그 냥 지나치기만 해요. 하지만 호기심이 많은 사람들은 어떻게 소금 쟁이가 물 위에 떠 있을 수 있는지 질문을 하게 되죠.

그런데 녀석은 많은 이름 중에 왜 하필 '소금쟁이'라는 이름을 갖게 된 걸까요? 사소한 질문 같아 보이지만 질문은 이렇게 사람 들이 눈여겨보지 않는 것에서 시작해요. 옛날부터 그렇게 불려 왔 으니까 당연히 소금쟁이라고 부른다는 설명은 아무런 도움이 되 질 않아요. 책을 읽거나 때로는 전문가의 이야기를 듣기도 하면서 답을 찾아야 해요.

하지만 중요한 것은 조사를 통해 알게 된 지식은 어디까지나 참고자료일 뿐 문제 해결의 주인공은 자기 자신이어야 한다는 거 예요. 질문에 대한 답을 내릴 때에는 반드시 자신만의 생각과 의 견을 더해야 해요. 그래야 자신만의 답이 되니까요.

○
소금쟁이는 어디서 살아갈까?

소금쟁이가 물 위에 떠 있는 것은 매우 쉬워 보여요. 하지만 여섯 개의 다리를 이용해 물 위를 떠 있다가 멀리 뛰어오른 다음 다시 물 위로 내려앉는 것은 그리 단순한 일이 아니에요. 녀석의 점프 속에는 매우 복잡하고 정교한 과학 원리가 숨어 있어요.

녀석이 물 위를 자유자재로 이동할 수 있는 비밀은 무엇일까요? 소금쟁이가 물 위에 뜰 수 있는 까닭은 표면장력이라는 힘 때문이에요. 어떤 물체가 물 위에 뜨려면 중력과 표면장력이 평형을 이루어야 해요. 사람처럼 몸무게가 많이 나가면 중력이 표면장력보다 커서 가라앉아요. 하지만 표면장력이 중력보다 크면 가라앉지 않고 떠 있을 수 있어요. 게다가 소금쟁이 다리에는 기름기가 있는 잔털이 가득 나 있어서 물에 빠지지 않고 헤엄칠 수 있어요.

만약 여러분도 소금쟁이처럼 물 위를 자유롭게 다닐 수 있다면 어떨지 상상해보세요. 물 위를 달리기도 하고 멀리 뛰어다닐 수 있다면 정말 재밌을 것 같지 않나요? 쓸데없는 생각으로 여겨질지도 모르지만 소금쟁이가 물 위에 떠다니는 원리를 적용한 신발을 만든다면 정말로 물 위를 자유롭게 걷거나 뛰어 다닐 수 있을지도 몰라요.

① ② ③

물 위를 걷는 멋쟁이

1 물 위에 떠 있는 소금쟁이. 스케이트를 타는 것처럼 멋지게 물 위를 뛰어다녀요. 2 소금쟁이와 함께 살아가는 물고기 몰개. 자기 머리를 걸어 다니는 소금쟁이를 바라봐야만 하니 약이 오르겠죠? 3 소금쟁이를 흉내 낸 로봇. 앞으로 사람이 들어가긴 힘든 곳에 대신 들어갈 수도 있겠죠?

○
물고기는 왜 소금쟁이를 잡아먹지 않을까?

물속 생태계는 육지 생태계 못지않은 치열한 전쟁터에요. 물고기들은 곤충들을 잡아먹기 위해 호시탐탐 노리고 있고, 곤충들은 물고기에게 잡아먹히지 않기 위해 정신이 없지요. 그런데 물 위에 떠 있는 소금쟁이를 가만히 관찰해보면 물고기들에게 잡아먹히는 경우는 거의 없다는 사실을 알 수 있어요. 손쉽게 잡아먹을 수 있는 사냥감처럼 보이지만 물고기들은 결코 녀석들을 잡아먹으려 하지 않아요.

왜 그런 걸까요? 바로 소금쟁이가 자신의 몸을 방어하기 위해서 물고기들이 싫어하는 냄새를 풍기기 때문이에요. 무심코 녀석을 잡아먹은 물고기는 지독한 냄새 때문에 삼킬 수가 없어요. 그래서 소금쟁이를 잡아먹어 본 경험을 가진 물고기들은 아무리 배가 고파도 녀석들을 잡아먹으려 하지 않아요. 오랜 시간에 걸쳐서 물고기의 '유전자' 속에 '소금쟁이는 잡아먹으면 안 된다'는 정보가 새겨진 것이죠.

소금쟁이가 풍기는 냄새는 물고기들에게는 불쾌감을 주지만 사람들에게는 전혀 불쾌감을 주지 않아요. 오히려 엿 냄새처럼 달콤하게 느껴지죠. 반대로 사람들에게는 향긋한 냄새가 동물들에게는 역겨운 냄새로 전달되기도 해요.

소금쟁이가 풍기는 냄새처럼 우리가 가진 생각도 마찬가지에요. 내가 옳다고 생각하는 것이 다른 사람에게는 틀린 생각이 될 수도 있어요. 반대로 내가 틀렸다고 생각하는 것이 상대에게는 옳은 생각이 될 수도 있고요.

중요한 것은 누구의 생각이 옳고 그른지 싸우는 것이 아니에요. 그 생각들이 얼마나 문제 해결에 도움이 되는지 꼼꼼히 따져보는 게 훨씬 이롭지 않나요?.

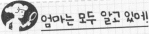
엄마는 모두 알고 있어!

소금쟁이가 물고기에게 잡아먹히지 않으려고 냄새를 풍기잖아요. 그럼 소금쟁이는 뭘 먹고 살까요? 바로 장구벌레 같은 작은 벌레들을 잡아먹는대요. 장구벌레가 크면 우리를 괴롭히는 모기가 되어요. 소금쟁이는 인간에게도 이로운 곤충이에요.

장구벌레

○
소금쟁이가 사람들을 구조한다고?

소금쟁이가 사람을 구조한다니 이게 무슨 말일까요? 몸집이 1센티미터에 불과한 작은 곤충이 사람들을 구조한다고 하니 잘 상상이 안 될 거예요. 하지만 이런 엉뚱한 질문에 대한 답을 찾으려는 사람들이 있어요. 바로 소금쟁이의 행동습성을 적용한 소형 로봇을 만드는 사람들이죠.

동물들이 걷고 뛰는 행동은 아주 간단해 보이지만 로봇이 그런 행동을 하게 만드는 것은 어려운 일이에요. 하지만 로봇이 따라 하기 힘든 행동도 자연 속 생물들이 움직이는 원리를 적용하면 해결될 수 있어요.

초소형 로봇은 매우 좁은 틈에서 자유롭게 이동하며 다닐 수 있어요. 그래서 사람들이 직접 투입되기 어려운 자연재해 현장이나 오염된 장소, 전쟁터 등에서 사람들을 구조하는 데 활용할 수 있어요. 좁은 공간에서 효율적으로 움직이면서 사람들이 해야 할 일을 대신하는 것이죠.

자연에서 일어나는 많은 현상들은 매우 당연한 듯 보이지만, 그 속에는 수백만 년에 걸쳐 쌓아온 자연 속 생물들의 지혜가 숨어 있어요. 자연 속 원리를 찾아서 활용하면 소형로봇을 만들 수도 있고, 물 위를 점프하는 신발을 만들 수도 있어요. 그리고 그러한 발명품은 우리의 삶을 훨씬 더 편리하고 풍요롭게 만들어 줄 거예요.

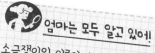
엄마는 모두 알고 있어!

소금쟁이의 이름이 소금쟁이가 된 까닭은 다리를 벌리고 물 위를 걷는 모습이 소금장수가 소금 가마를 잔뜩 짊어진 채 힘을 쓰는 모습과 비슷해서래요. 소금쟁이에게는 엿장수라는 다른 이름도 있어요. 엿장수는 앞에서 얘기한 소금쟁이에게서 나오는 엿과 같은 달콤한 냄새 때문에 붙여진 이름이지요.

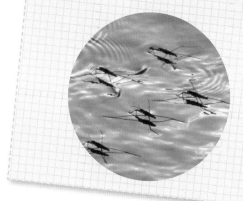

엄마만 아이를 기르고
알을 품는 건 아니란다

해마

○

해마는 왜 해마인 걸까?

바다의 말, '해마' 하면 무엇이 떠오르나요? 아마 벌판을 뛰어
다니는 말을 떠올리는 친구들이 많을 텐데요. 해마는 육지에서 사
는 말과는 전혀 연관성이 없어요. 단지 생김새가 비슷해서 해마라
는 이름을 갖게 된 것이죠. 녀석은 '해마', 그러니까 바다의 말이란
이름처럼 생김새가 말을 꼭 빼닮았어요.

해마는 이름처럼 바다에서 살겠죠? 그렇다면 우리나라 바다에
도 해마가 살고 있을까요? 우리 주변에 말을 닮은 바다생물이 있
다고 하면 왜인지 어색할 것 같지요. 녀석들은 우리나라에서 멀리
떨어진 깊은 바다에서만 살 것 같지만 사실 남해나 동해안에서도
만날 수 있어요. 우리나라에는 해마를 비롯해 복해마, 가시해마,
산호해마, 점해마, 히포캄푸스 켈로기, 신도해마, 소안해마 등 여
덟 종이나 되는 해마들이 살고 있거든요.

하지만 해마를 실제로 보는 것은 무척 힘들어요. 사람들의 손
길이 닿지 않은 바다 속에서 살다 보니 잠수를 해서 직접 물속으
로 들어가지 않는 한 만날 수가 없어요. 대신에 수족관이나 아쿠
아리움을 가면 해마를 쉽게 만날 수 있어요.

이때 무턱대고 구경하는 것보다는 해마에 관해 이것저것 조사

를 하고 의문이 나는 점을 정리한 다음 관찰해 보세요. 그러면서 내가 조사해서 알고 있는 내용들이 실제 모습이나 습성과는 어떻게 다른지 비교해 보는 것도 재미있을 것 같아요. 눈으로만 훑어보지 말고 조목조목 따져가면서 말이에요.

○
해마가 물고기라고?

해마를 관찰하다 보면 어떻게 바다에서 살아가는지 궁금해질 거예요. 말처럼 생긴 독특한 몸은 대부분 뼈가 앙상하게 도드라진 데다가 겉은 딱딱한 골판으로 이루어져 있으니 도대체 바다 속에 사는 생물이 맞는지 의심이 들기도 하죠. 하지만 해마는 실고기과에 속하는 엄연한 물고기예요. 생김새가 물고기와는 딴판이지만 물속에서 살아가는 물고기의 한 종류인 것이죠.

해마를 조금 더 자세히 살펴보면 보통 물고기와는 달리 녀석에게는 잘 발달되지 않는 것들을 찾을 수가 있어요. 바로 지느러미예요. 해마는 물고기라면 반드시 가지고 있어야만 할 것 같은 지느러미를 거의 찾아볼 수가 없어요. 자세히 보아야 등 뒤에 나 있는 작은 지느러미를 겨우 찾을 수 있죠. 이렇게 작고 보잘 것 없는 지느러미를 가지고 과연 헤엄이나 칠 수 있을까요?

해마는 해류의 흐름에 따라 물속을 둥둥 떠다닐 뿐 다른 물고기들처럼 헤엄을 잘 치지 못해요. 물속에 사는 생물이 헤엄을 잘 치지 못한다니 그것도 참 희한한 일이죠? 대신 녀석은 꼬리를 이용해 해조류에 몸을 고정시킨 상태로 살아가요. 만약 꼬리가 없었다면 해류의 흐름을 따라 평생을 떠돌아 다녀야 했을지도 몰라요.

'이가 없으면 잇몸으로 산다'는 말이 있어요. 있던 것이 없어지면 조금 불편하더라도 다른 것으로 대신해서 살아간다는 뜻이지요. 마치 지느러미가 없어도 잘만 사는 해마처럼요.

우리는 팔이나 다리가 다쳐서 장애를 갖게 되면 의수나 의족으로 대신할 수가 있어요. 조금은 불편하지만 없는 것보다는 훨씬 더 편리하죠. 가까운 미래에는 지금 우리가 해야 하는 많은 일들을 로봇이나 인공지능이 대신하게 될 거예요. 더 이상 자동차 운전을 할 필요가 없고, 집안 청소도 힘들게 할 필요가 없어지는 시대가 오는 것이죠.

하지만 우리 삶을 로봇이나 인공지능이 다 대신하더라도 절대 대신할 수 없는 것이 있어요. 우리의 생각을 대신할 수 있는 것은 이 세상에 존재하지 않아요. 여러분이 가진 생각은 이 세상에서 단 하나뿐이니까요.

①　②
③

아빠 힘내세요! 해마

1 해마의 꼬리. 해마는 꼬리를 손
처럼 이용해 다른 물고기들 못지
않게 바다에서 능숙하게 살아가요.
2 해마의 머리. 정말 말처럼 생겼
지요? 3 부인을 대신해서 알을 품
은 아빠 해마. 아이를 키우는 건 엄
마만 하는 게 아니에요.

○
해마는 정말 수컷이 새끼를 낳을까?

대부분의 생물은 암컷이 알을 낳거나 새끼를 낳아서 번식을 해요. 하지만 해마는 암컷이 아니라 수컷이 새끼를 낳는 것처럼 보여요. 정말 독특한 일이죠? 그런데 정말 해마는 수컷이 알을 낳는 걸까요? 사실은 그렇지 않아요. 수컷 해마가 알을 낳는 게 아니라 암컷이 수컷의 육아 주머니에 알을 낳아 준 것이죠. 수컷은 알을 품고 부화시키는 역할만 하는 거예요. 수컷이 알을 몸 밖으로 배출하는 모습만 보고 수컷 해마가 알을 낳는다고 생각한 것이죠.

겉으로 드러나는 사실이나 현상만을 보고 쉽게 판단을 내려서는 안 돼요. 그럼 그 대상이 가진 본래의 모습이나 성질을 알아내기가 어려워요. 본질이란 결코 변하지 않는 근본적인 성질이에요. 수컷 해마가 알을 낳은 것처럼 보였지만 암컷이 알이나 새끼를 낳는다는 본질은 변함이 없었어요. 겉으로 드러나는 현상 속에만 갇히지 마세요. 현상 너머에 숨겨진 진짜 진실이 무엇인지를 찾아야 본질에 가까워질 수 있어요. 그래야 통찰력을 가지고 현명한 판단을 내릴 수 있어요.

○

해마의 꼬리는 특별하다?

동물들은 대부분 뼈와 근육으로 이루어진 꼬리를 가지고 있어
요. 종에 따라 크기나 형태가 각각 다르지만 밧줄처럼 생겼다는
공통점이 있어요. 주변에서 볼 수 있는 개나 말, 소, 돼지 등이 가
진 꼬리 대부분이 그러하죠. 하지만 해마는 우리가 봐왔던 동물들
과는 전혀 다른 독특한 구조의 꼬리를 가지고 있어요. 꼬리의 단
면이 원이 아니라 직육면체 여러 개를 연결시킨 것처럼 사각형의
형태를 띠고 있다는 것이죠. 녀석의 독특한 꼬리 구조에는 어떤
비밀이 숨어 있는 걸까요?

과학자들에 따르면 원통형 모양의 꼬리보다는 직육면체 구조
로 된 꼬리가 훨씬 더 잘 구부러지고 더 튼튼하다고 해요. 해마는
직육면체 모양의 튼튼한 꼬리 덕분에 천적들이 우글거리는 바다
에서 오랫동안 살아남을 수 있었어요. 비록 헤엄을 잘 치지는 못
하더라도 말이에요.

최근에는 해마의 꼬리 구조를 응용한 다양한 기술과 제품들이
개발되고 있어요. 특히 쉽게 구부러지면서도 잘 부서지지 않는 특
성은 로봇 분야에 많이 적용되고 있어요. 외부 충격에도 쉽게 손
상되지 않고 자유로운 움직임이 가능한 로봇을 만드는 것이죠.

오늘날 지구상의 많은 생물들이 멸종 위기에 처해 있어요. 수억 년이 넘는 긴 시간 동안 수많은 변화 속에서도 꿋꿋이 살아남았지만 사람들이 만든 급격한 변화에는 버티지 못하기 때문이에요. 해마 역시 멸종 위기로부터 자유로운 동물이 아니에요. 우리 주변의 생물이 하나둘씩 사라지다니, 매우 안타깝지요? 기발한 아이디어를 주던 친구들이 하나둘씩 사라지는 것이나 마찬가지잖아요.

수억 년에 걸쳐 만들어진 독특한 생김새나 생존 전략들은 그 자체가 뛰어난 아이디어와 같아요. 우리가 생물의 멸종을 막아야 하는 또 다른 이유는 이런 좋은 생각들을 오랫동안 지켜내고, 우리가 발견하지 못한 새로운 생각들을 후손들이 찾아낼 수 있게 해 주기 위해서예요.

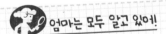

엄마는 모두 알고 있어!

해마는 말을 닮아 이름이 그리 지어졌다고 했잖아요. 우리 몸에도 해마를 닮아 이름이 '해마'라고 지어진 부위가 있어요. 뇌의 해마가 손상되면 새로운 기억을 받아들일 수 없게 된대요. 과거에만 머무르게 되는 거지요.

3

찬찬히 들여다보면
새로운 모습이 보인다

인간은 주변에서 자주 볼 수 있는 대상에 대해서는 상대적으로 관심을 덜 가지게 됩니다. 있으나마나한 존재처럼 큰 의미를 부여하지 않고, 또 주의 깊게 관찰하려 하지도 않지요. 하지만 익숙해서 당연히 그렇겠거니 하고 여기는 생각은 아이들의 성장을 막는 벽이 될 수 있습니다. 창의력은 익숙한 것에서 이제껏 놓치고 있는 것은 없는지, 자신의 생각이 틀리지는 않았는지 하나하나 따지며 찬찬히 들여다보는 데에서 시작됩니다. 그렇게 해야 익숙한 대상들 속에서도 새로운 모습을 찾을 수 있는 관찰력을 가질 수 있습니다. 그래서 '창의적인 사람'이란 남들이 결코 생각해내지 못하는 기발한 발상을 떠올리는 별난 천재가 아니라, 아무리 익숙한 대상이라도 새로운 면을 찾기 위해 노력하는 사람입니다.

만약 옷에 도꼬마리 열매가 달라붙었다면 보통은 '귀찮게 별게 옷에 다 붙었네' 하고 짜증을 낼 겁니다. 하지만 어떤 아이들은 '왜 도꼬마리 열매만 옷에 달라붙었을까' 하고 호기심을 갖고 들여다봅니다. 그러고 나서는 도꼬마리 열매를 자세히 관찰하고 탐구해 도꼬마리가 가진 새로운 모습을 발견하지요.

따라서 관찰력은 창의력을 키우는 데 매우 중요한 능력입니다. 자연 속에는 풍뎅이, 노린재, 갈매기, 왜가리, 소나무, 코스모스 등 관찰할 수 있는 생물이 매우 많습니다. 하지만 자세히 관찰하기 전까지는 길가에 핀 수많은 꽃은 잡초에 불과하고, 눈에 잘 보이지 않는 작은 곤충들은 날벌레라고 여길 뿐이지요. 관찰을 통해 자세히 들여다보아야만 각각의 생물이 무엇인지 알게 되고 새로운 의미와 가치를 부여할 수 있습니다.

아이에게 자연 관찰을 권하는 까닭이 생물학적 지식을 알아내기 위한 데에만 있는 것은 아닙니다. 자연 속 생물들을 관찰하는 것은 사회에서 발생하는 다양한 문제를 다양한 각도에서 들여다보고 해결할 수 있는 능력을 향상시켜 주기도 합니다. 겉보기에는 자연과 사회가 전혀 다른 세계 같아 보이지만 본질은 같기 때문이지요. 자연 속에서 관찰 능력이 숙달된 사람은 그렇지 않은 사람들보다 사회인으로서도 훨씬 더 문제를 잘 해결할 수 있습니다.

물론 아이들에게 오랜 시간 가만히 들여다보는 관찰을 권하는 것이 쉽지만은 않습니다. 그럴 때에는 일상에 대해서 관심을 가져보도록 권해보세요. 아이들은 매일 아침 학교를 오가면서 수많은 사물을 지나칩니다. 길가에 버려진 쓰레기, 화단에 핀 예쁜 꽃, 도로를 바쁘게 다니는 자동차 등 셀 수 없이 많은 정보들을 받아들이죠. 이런 정보들은 시야에 잠깐 들어왔다가 금세 지나가버리고 결국 잊히게 됩니다. 하지만 의도적으로 어떤 관점을 정해서 세상을 들여다보면, 그냥 지나쳤던 많은 사물들이 눈에 들어옵니다.

오늘은 노란색이 들어 있는 사물을 관찰 대상으로 정하자고 아이와 이야기해 보세요. 아이의 눈에는 평소에는 눈에 들어오지 않던, 노란색이 칠해진 여러 가지 사물들이 보일 겁니다. 노란색 장화를 신은 꼬마, 노란색 머리핀을 한 친구, 노란색 무늬가 새겨진 연필 등 아무런 관심이 없었던 것들이 아이의 시야에 들어와서 의미 있는 정보로 새롭게 처리되지요.

익숙한 일상 속에서 새로움을 찾고 창의력을 발휘하는 힘, 그것은 바로 관찰력에 달려 있습니다.

부끄러우니까
날 너무 쳐다보진 말아줘

길앞잡이

○

나는 항상 너희 앞에 있어

길앞잡이는 독특한 행동 습성을 가진 곤충이에요. 녀석은 숲길에 가만히 앉아 있다가 사람들이 접근하면 멀리 달아나요. 사람들과 일정한 거리를 유지한 채 앞으로 이동했다가 멈췄다를 반복하죠. 그 모습이 사람들에게 길을 안내하는 것처럼 보여서 '길앞잡이'라는 이름이 붙었어요. 하지만 녀석들은 길을 안내하는 것이 아니에요. 사람들에게 밟히지 않기 위해 꽁지가 빠지도록 도망치고 있는 것이죠. 곤충들은 대부분 길앞잡이처럼 몸집이 작은 경우가 많아요. 그래서 관심을 갖지 않으면 우리 주변에 있는지조차 모르고 지나치기 쉽지요.

여태껏 우리는 주변의 곤충들에 대해서 큰 관심을 가져본 적이 별로 없어요. 곤충들이란 땅바닥에 떨어진 돌이나 모래와 비슷한 그저 작은 점에 불과했죠. 곤충을 보았다고 해도 대부분 인간의 눈높이에서 녀석들을 내려다보기만 했을 거예요. 하지만 곤충은 우리가 생각하는 것보다도 훨씬 더 독특하고 다양한 모습을 가지고 있어요. 가까이 접근해서 녀석과 비슷한 눈높이로 들여다보면 여태껏 보지 못했던 숨겨진 모습을 볼 수 있어요. 그 모습이 정말 곤충이 맞나 싶을 정도로 충격을 받을지도 몰라요.

○
개성이 넘치는 얼굴 생김새

무서운 괴물처럼 생긴 사진의 주인공은 누구일까요? 이제껏 한 번도 본 적이 없는 모습이 참 인상적이죠? 이 녀석의 이름이 바로 길앞잡이에요. 모습만 봐가지고선 녀석들이 소심하게 사람들이 무서워 도망쳐 다닌다는 사실을 믿기 힘들 거예요. 오히려 사람들이 피해다녀야 할 것처럼 무시무시하게 생기지 않았나요? 하지만 숲에서 녀석을 봤다면 전혀 특별함이라고는 찾아볼 수 없는 작은 점에 불과하다고 여겼을 거예요. 이렇게 자세히 들여다봐야만 새로운 모습을 발견할 수 있어요.

곤충들이 가진 새로운 모습을 관찰하는 것은 단순히 생김새가 어떤지를 알아내는 것이 아니에요. 곤충들을 자세히 들여다보는 까닭은 우리가 평소 하지 못했던 새로운 생각을 갖기 위해서예요. 길앞잡이가 가진 무시무시한 얼굴은 단순한 곤충의 생김새로 그치지 않고 공포영화에 나오는 괴수의 모습이라든가 SF영화에 나오는 외계인 캐릭터를 만드는 데 중요한 아이디어가 되기도 해요. 자연으로부터 발견한 새로운 모습들이 생각의 재료가 되어 상상력을 발휘하는 데 커다란 힘이 되는 거예요.

숨겨 왔던 수줍은 나의 모습 네게만 보여줄게

1 아무나 볼 수 없는 길앞잡이의 수줍은 얼굴.
2 번쩍번쩍 길앞잡이의 알록달록한 날개. 3 복슬
복슬한 흰 털로 한껏 멋을 부린 길앞잡이의 다리.

○

화려하고 아름다운 딱지날개

길앞잡이는 몸 색깔이 매우 화려한 곤충이에요. 녀석의 몸에는 빨간색과 검은색, 흰색, 초록색 이외에도 크레파스나 색연필에서도 보지 못했던 다양한 색깔들이 있어요. 게다가 각각의 색깔들이 따로 떨어져 있는 것이 아니라 한데 어우러져 아름다운 예술작품을 보는 것 같아요. 두 장의 딱지날개에 새겨진 화려한 무늬는 여러분이 미술시간에 해봤을 데칼코마니처럼 정교하게 일치하고 있죠. 작은 곤충의 몸에 이렇게 아름다운 작품이 그려져 있었다니 새삼 자연의 위대함에 놀라게 되지 않나요?

녀석의 등판에 새겨진 아름다운 무늬는 단순한 눈요깃거리로만 그치는 것이 아니에요. 그 화려한 무늬는 새로운 디자인이나 미술작품을 창작하는 데에도 큰 아이디어가 될 수 있어요.

길앞잡이 몸에 새겨진 무늬는 각 개체마다 비슷하게 보일 수도 있어요. 하지만 등판에 새겨진 무늬는 색깔의 조합이나 형태가 제각각 달라요. 어느 것 하나 똑같은 녀석은 없는 거죠. 각각 다른 색깔을 가지고 있으니 관찰할 때마다 새로움을 느낄 수가 있어요.

○
애벌레의 모습도 독특해

길앞잡이는 어른벌레 때만큼이나 애벌레 시기에도 아주 독특한 생김새를 하고 있어요. 녀석은 낫처럼 생긴 날카로운 턱을 가지고 있는데 그 모습이 마치 가위 같지 않나요? 애벌레는 독특한 생김새만큼이나 행동습성도 매우 특별해요. 녀석은 땅을 파서 함정을 만든 뒤 숨어 있다가 그 위에 작은 곤충들이 떨어지면 순식간에 잡아먹어요. 혹시 흙이나 모래밭에 작은 구멍이 뚫려 있으면 길앞잡이 애벌레의 집일 수도 있어요.

아무리 몸집이 작은 곤충이라도 자세히 들여다보면 이전까지 보지 못했던 새로운 모습을 발견할 수 있어요. 익숙하게 넘어갔던 것들을 새롭게 들여다보면 여러분의 상상력도 쑥쑥 커질 거예요.

 엄마는 모두 알고 있어!

길앞잡이의 애벌레는 많은 곤충들 가운데 유독 개미 사냥하기를 즐기기 때문에 명주잠자리의 애벌레와 함께 '개미귀신'이라는 이름이 붙었어요. 만화나 영화에서 주인공을 덮치는 땅속 괴물을 본 적이 있죠? 바로 이 녀석들을 보고 만든 거예요.

머리만 쏙!
길앞잡이의 애벌레

나는 부리로
모래밭에 그림을 그리지

도요새

○
나는 부리가 달라! 도요새니까!

우리나라에는 200여 종이 넘는 새들이 살고 있어요. 녀석들은 숲이나 습지 등 살아가는 환경에 따라 생김새가 각각 달라요. 그중에서도 유난히 차이가 나는 부분이 있어요. 바로 부리예요.

녀석들은 다양한 생김새만큼이나 독특한 부리를 가지고 있어요. 독수리처럼 갈고리 모양의 부리를 가진 녀석들도 있고, 참새처럼 짧고 뾰족한 부리를 가진 녀석들도 있어요. 또 오리처럼 납작한 부리를 가진 녀석들도 있고, 저어새처럼 주걱처럼 생긴 부리를 가진 녀석들도 있지요.

그 중에서도 도요새는 유난히 길게 휘어진 독특한 부리를 가진 녀석이에요. 갯벌 속에 숨은 갯지렁이나 게를 편리하게 잡아먹기 위해서 그런 형태로 진화해온 것이죠.

도요새가 특정한 한 종의 새만 가리키는 이름은 아니에요. 꼬까도요, 노랑발도요, 마도요 등과 같이 도요새 과에 속하는 무리의 새들을 통틀어 도요새라고 하죠.

도요새는 주변 환경에 매우 예민해서 사람들이 주변으로 접근하는 것을 조금도 허락하질 않아요. 그래서 도요새를 관찰하려면 망원경이나 배율이 높은 큰 렌즈를 장착한 카메라를 이용하는 것이 좋아요. 녀석들이 안심할 수 있도록 최대한 먼 거리를 유지한 채 관찰하는 것이죠. 최근에는 값이 저렴하면서도 성능이 좋은 카메라가 많이 나오고 있으니 이를 활용하면 훨씬 더 편리하게 관찰할 수 있어요.

○
부리는 무슨 역할을 할까?

부리는 보통 딱딱한 물질로 이루어진 새의 주둥이를 말해요. 한 가지 관점에서만 보면 부리는 먹이 활동을 하는 데 쓰이는 부위에 불과해요. 사람으로 치면 입을 대신하는 역할만 하는 거죠. 하지만 다른 관점에서 살펴보면 먹이 활동 이외에도 다양한 곳에 쓰인다는 사실을 알 수가 있어요.

새들은 짝짓기를 하거나 먹이를 차지하기 위해서 종종 싸움을 하는데, 이때 가장 많이 활용하는 것이 부리에요. 녀석들은 부리를 이용해서 상대를 쫓아내요. 마치 사람들이 싸움을 할 때 손이나 다리를 이용하는 것처럼 말이에요.

또 새들은 부리를 이용해서 나무에 구멍을 내거나 진흙으로 둥지를 만들기도 해요. 이때에는 부리가 손뿐만 아니라 도끼나 망치와 같은 도구의 역할까지 해요. 부리가 단순히 먹이를 쪼아 먹는

1	2
3	4
	5
	6

먹는 게 다르니 부리도 달라요.

1 참새. 2 흰꼬리수리. 3 큰오색딱다구리. 4 어치. 5 때까치. 6 노랑부리저어새.

역할만 하는 줄 알았는데 다른 관점에서 들여다보니 다양하게 쓰인다는 것을 알 수 있지요? 관찰을 할 때에는 다양한 관점에서 대상을 살펴볼 필요가 있어요. 새의 부리가 먹는 역할만 한다고 생각하면 먹이 활동을 하는 모습만 보게 될 거예요. 하지만 새의 부리가 여러 용도로 활용된다는 사실을 알면 훨씬 더 다양한 관찰이 이루어질 수 있어요.

○
도요새 부리가 인류를 구했다고?

바닷가에서 활동하는 도요새를 관찰하면 길게 휘어진 부리로 갯벌을 마구 들쑤시고 다니는 모습을 볼 수 있을 거예요. 녀석들이 이런 행동을 보이는 까닭은 무엇일까요? 바로 갯벌 속에 숨어 있는 갯지렁이나 게, 조개와 같은 바다생물을 잡기 위해서예요. 쉴 새 없이 갯벌에 부리를 넣었다 뺐다 하면서 먹이를 잡아먹는 것이죠. 이때 도요새의 기다랗게 휜 부리는 먹이를 사냥하는 데 큰 역할을 해요.

도요새가 가진 독특한 부리는 발명품을 만드는 데에도 커다란 영감을 주었어요. 여러분들이 실험을 할 때 사용하는 핀셋 또한 도요새의 부리에서 힌트를 얻은 거예요. 도요새가 부리를 이용해 조개를 잡는 모습을 보며 누군가 손으로 집기 힘든 작은 물체를 집을 수 있는 도구를 떠올린 것이죠.

지금 여러분에게는 발명에 필요한 아이디어를 제공해주는 생물들이 있나요? 만약 없다면 관찰할 수 있는 생물들을 찾아보고, 그 생물로부터 어떤 아이디어를 얻을 수 있을지 계속 관찰하고 고민해 보세요.

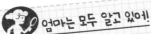 엄마는 모두 알고 있어!

수술실에서 사용하는 가위도 도요새 부리로부터 나왔어요. 수술용 가위는 평범한 가위와는 달리 두 개의 날이 서로 대칭을 이루고 있지 않은 경우가 있어요. 수술이 필요한 부위만을 정확히 붙잡거나 잘라야 하기 때문이에요. 이때 끝이 휜 도요새의 부리 모양이 손이 닿지 않는 부위를 수술할 수 있는 특수 가위를 발명하는 데 큰 도움이 되었어요.

도요새의 부리에서 힌트를 얻은 수술용 가위.
다른 가위와는 다르게 두 날의 모양이 각각 다르죠?

○
도요새는 어떻게 저 멀리 자기 집을 찾아갈까?

도요새는 해마다 수천에서 수만 킬로미터에 이르는 먼 거리를 비행해요. 사람은 고작 몇 킬로미터만 걸어도 힘들어서 쩔쩔 매는 데, 녀석들은 쉬지도 먹지도 않고 먼 거리를 이동할 수 있어요. 그 것도 나침판이나 지도, 네비게이션도 없이 말이에요. 녀석들은 어 떻게 목적지를 정확하게 찾아오는 것일까요?

가장 널리 알려진 설명은 도요새가 지구의 자기장을 이용해서 비행하기 때문이라는 거예요. 녀석들의 부리에는 자기장 센서 역 할을 하는 기관이 들어 있어서 방향을 잃지 않고 먼 거리를 이동 할 수 있다는 거죠. 또 오랜 시간에 걸쳐서 비행을 하다 보니 이동 경로가 유전자 속에 새겨져 있다는 주장도 있어요. 굳이 이동경로 를 배우지 않아도 본능적으로 번식지와 겨울을 보낼 곳을 찾아갈 수 있다는 거예요.

이유야 어쨌든 간에 저 멀고 먼 거리를 길을 잃지 않고 비행을 한다는 것은 정말 놀라운 능력이에요. 사람들은 땅에서 살아가기 때문에 작고 좁은 시선을 갖게 되는 경우가 많아요. 전체를 한눈 에 볼 수 있는 폭넓은 시야를 가지고 있어야 하는데 눈앞에 보이 는 대상만을 좇는 것이죠.

창의력을 발휘하기 위해서는 여러 퍼즐 조각들을 모아서 하나의 그림으로 합치는 능력이 필요해요. 높은 산봉우리 위에서 마을을 내려다보듯이 도요새의 눈으로 세상을 관찰해 보세요. 좁은 범위 안에 고여 있는 생각에 물꼬가 터지기 시작할 거예요.

너는 왜 얼룩덜룩한 무늬를
가지게 되었니?

얼룩말

○
길들여지지 않는 거친 친구 얼룩말

말은 오랫동안 인간의 다리 역할을 해왔어요. 지금처럼 자동차나 비행기가 없던 시절, 먼 거리를 빠르게 이동할 수 있게 해준 것이 바로 말이니까요. 몽골제국을 세운 칭기즈칸이 세계를 평정할 수 있었던 힘도 바로 재빠르게 이동할 수 있는 기마부대가 있었기 때문이에요.

말은 오래전부터 인간의 손에 길들여져서 인간과 함께 살아왔어요. 하지만 같은 말과에 속한 녀석이지만 좀처럼 인간에게 길들여지지 않는 말도 있어요. 바로 온 몸에 얼룩덜룩한 무늬가 그려진 얼룩말이에요. 녀석은 야생성이 매우 강한 동물이에요. 그래서 아무리 어렸을 때부터 길들이려고 노력해도 거의 실패로 끝나고 말아요. 개나 돼지와 같은 녀석들도 처음에는 강한 야생성을 가지고 있었을 텐데 어떻게 사람들 손에 길들여졌는지 참 궁금해지지 않나요?

누군가에게 길들여진다는 것은 본래의 성질을 바꾸거나 없애는 것을 의미해요. 야생성을 가졌던 동물들이 가축으로 길들여진 것은 들판에서 뛰어다니던 본성을 바꿨거나 없앴기 때문이에요.

녀석들은 왜 야생성을 포기하고 가축의 삶을 선택한 것일까요? 바로 인간들이 안식처를 제공해주었기 때문이에요. 녀석들은 인간과 함께 살기 시작하면서 더 이상 천적의 위협을 걱정하지 않게 되었어요. 또 힘들게 먹이를 찾을 필요도 없었고요.

대신 녀석들은 동물이라면 누려야 할 자유라는 본성을 잃어버렸어요. 더 이상 자신의 의지대로는 아무것도 할 수 없고 오로지 사람들이 시키는 것만 하게 된 것이죠. 지금 여러분의 생활을 들여다보세요. 누군가의 생각에 길들여지지는 않았나요?

○
멜라닌 세포 때문에 얼룩말이 되었다고?

동물들을 관찰하다 보면 몸에 줄무늬가 그려진 녀석들을 찾을 수 있어요. 얼룩말, 다람쥐, 또 멧돼지들이 가장 쉽게 떠올릴 수 있는 줄무늬가 있는 동물들이죠. 녀석들의 생김새는 줄무늬를 제외하면 일반적인 말이나 쥐, 돼지와 별반 차이가 없어 보여요. 단지 줄무늬가 있기 때문에 얼룩말과 다람쥐, 멧돼지로 쉽게 구분되는 것이죠. 그런데 왜 녀석들에게만 줄무늬가 생기는 것일까요?

줄무늬가 있는 동물들의 몸속에는 멜라닌 세포(색소를 만드는 세포)의 발달을 막는 특정 유전자가 있어요. 이 유전자가 털 색깔을 결정해서 줄무늬가 만들어지는 것이죠.

1 2
3

───────────

빙글빙글 얼룩덜룩 얼룩말의 특별한 무늬

1 얼룩말의 줄무늬. 얼룩말은 왜 이런 줄무늬
를 가지게 되었을까요? 2 얼룩말의 꼬리. 빗
자루처럼 생겨서 쉽게 몸을 쓸거나 벌레를 쫓
을 수 있죠. 3 볼이 볼록한 다람쥐. 더운 곳에
사는 것도 아니고 벌레를 피할 필요도 없는데
왜 다람쥐는 줄무늬를 가지게 되었을까요?

얼룩말은 줄무늬가 그려진 모습이 모두 다 비슷비슷해 보여요. 하지만 줄무늬를 자세히 보면 얼룩말들마다 모두 다르다는 것을 알 수 있어요. 사람들 손가락에 있는 지문처럼 말이에요. 얼룩말마다 줄무늬의 형태가 다른 까닭은 몸속에 들어 있는 멜라닌 세포의 양과 크기가 각각 다르기 때문이에요. 덕분에 어미 말은 수백 마리의 얼룩말 무리 속에서도 새끼를 찾아낼 수가 있지요.

○
얼룩말 줄무늬의 비밀은 아직 아무도 몰라!

언제부터 얼룩말에게 줄무늬가 생겼는지는 정확히 알 수 없어요. 하지만 호기심을 갖고 질문을 해결하다 보면 왜 줄무늬가 생겼는지 그 이유는 밝혀낼 수 있어요.

어떤 학자들은 아프리카의 높은 온도에 적응하느라 줄무늬를 가지게 되었다고 주장해요. 아프리카의 사바나 기후는 일 년 내내 온도가 높은 지역인데, 이곳에서 살아가려면 체온을 안정적으로 유지하는 것도 중요하다는 거예요. 검은색은 태양빛을 흡수해 표면 온도를 높이는 반면에 하얀색은 태양빛을 반사해 온도가 낮아져요. 그래서 흰색과 검은색으로 이뤄진 줄무늬를 하고 있으면 주변보다 시원하게 온도를 유지할 수 있다고 해요. 하지만 아프리카 지역에서 살아가는 많은 생물들 중에서 얼룩 줄무늬를 가진 생물은 얼룩말이 거의 유일해요. 만약 그러한 주장이 맞는다면 다른 동물들에게도 줄무늬가 있어야 하겠지요.

또 다른 학자들은 모기나 파리와 같은 해충을 피하기 위해서 줄무늬를 갖게 되었다고 설명하기도 해요. 아프리카 지역에는 동물의 피를 빨아먹으며 여러 가지 질병을 옮기는 체체파리라는 녀석이 있어요. 그런데 체체파리는 검은색을 띈 말이나 흰색을 띈 말에게는 쉽게 접근하지만 얼룩말에게는 가까이 가지 않아요. 무슨 이유 때문인지는 모르지만 얼룩무늬가 체체파리의 접근을 차단하는 것이죠. 하지만 이러한 추측이 맞는다면 아프리카에 사는 다른 많은 동물들도 얼룩무늬를 가지고 있어야 하겠지요.

각각의 주장이나 설명이 틀린 것은 아니에요. 다만 전체를 설명하기에는 어딘가 부족하다는 것을 알 수 있을 거예요. 이럴 때에는 각각의 주장들을 합쳐서 하나로 묶을 필요가 있어요. 생존을 위해 줄무늬를 가진 형태로 진화했다는 큰 틀 속에 아프리카의 높은 온도에 적응하고 또 해충의 피해를 막기 위해 줄무늬를 갖게 되었다고 말이지요.

자연 속에서 일어나는 현상을 완벽하게 설명할 수는 없어요. 자연에 존재하는 수많은 조건들을 모두 다 따져보는 것은 불가능에 가까우니까요. 중요한 것은 자연 속에 숨은 거대한 원리를 밝히고자 하는 인간의 끝없는 노력이에요. 끊임없이 진실을 밝혀내고자 하는 인간의 노력이 있기 때문에 문명이 진보할 수 있는 거니까요.

 엄마는 모두 알고 있어!

모든 사물은 가시광선의 특정 파장을 반사시켜요. 우리가 어떤 색을 보는 것은 사실 그 반사된 특정 파장을 보는 거죠. 그리고 검은색은 대다수의 파장을 모두 흡수해서 검은색으로 보이는 거예요. 흰색은 그 반대고요. 그래서 돋보기로 햇빛을 모아 불을 낼 때 검은 종이를 쓰는 거고요.

돋보기 발명가 베이컨

○
얼룩말은 꼬리가 손이래

얼룩말을 관찰하는 사람들은 대부분 얼룩 줄무늬에 집중할 거예요. 하지만 많은 사람들이 얼룩 줄무늬에만 관심을 가진다고 해서 똑같이 따라할 필요는 없어요. 별다른 관심을 두지 않는 대상을 관찰하는 것도 의미가 있으니까요.

여태껏 얼룩말 꼬리에 관심을 가진 친구들은 많지 않을 거예요. 동물이니까 당연히 꼬리가 있는 것이지 특별할 게 뭐가 있냐면서 말이지요. 하지만 꼬리를 관찰하다 보면 이전에는 잘 몰랐던 새로운 사실을 알 수 있을 거예요. 사람들은 손이 있어서 몸 곳곳을 긁거나 만질 수가 있어요. 하지만 사람처럼 손이 없는 동물들은 그렇게 할 수가 없어요. 이때 꼬리가 사람 손과 같은 역할을 대신해요. 몸에 달라붙은 모기나 파리와 같은 해충을 꼬리를 이용해서 떼어내는 것이죠.

뿐만 아니라 녀석들은 뛰어다닐 때 넘어지지 않기 위해 꼬리로 균형을 잡아요. 마치 줄타기를 하는 광대가 긴 막대기를 이용해서 균형을 잡는 것처럼 말이에요. 꼬리 덕분에 녀석들은 빠르게 뛰어가면서도 비틀거리지 않고 방향을 바꿀 수 있어요.

얼룩말 꼬리를 관찰하는 사람처럼 아무도 관심을 갖지 않은 새로운 영역에 도전할 수 있는 용기를 가져보는 것은 어떨까요? 그들은 남의 시선을 신경쓰지 않고 오로지 자기 자신이 하는 일에만 집중해요. 또 결과보다는 과정을 즐기고, 실패를 하더라도 결코 포기하는 법이 없지요.

지저분한 곳에서도
항상 깨끗한 고고한 친구

연잎

○
연잎은 물방울을 싫어해

여름철 연못이나 저수지에 가본 적이 있는 친구라면 물 위를 뒤덮고 있는 연잎을 본 적이 있을 거예요. 조금 더 관찰력이 좋은 친구라면 우산처럼 생긴 넓적한 잎 위를 데굴데굴 굴러다니는 공 모양처럼 생긴 물방울을 봤을 거고요.

선생님이 어렸을 적에는 연잎 위에 물방울이 동그랗게 모여 있는 모습이 무척 신기했어요. 그래서 일부러 연잎 위에 물을 뿌려서 그 모습을 한참동안이나 관찰하곤 했어요. 다른 식물들 잎에는 물이 쭉 흘러내리고 마는데, 왜 연잎에만 물방울이 동그랗게 만들어지는지 궁금했거든요. 그러고 나선 사람 덩치만큼 커다란 물방울을 만들 수 있다면 그 속에서 시원하게 물놀이를 하며 여름을 보낼 수 있지 않을까 상상했어요. 그때 가졌던 호기심들은 자연에 대해 더욱 더 많은 관심을 갖게 했어요.

연잎은 우리 주변에서 쉽게 볼 수 있어요. 그래서 관찰하기도 쉽고 여러 가지 실험을 하기에도 좋은 식물이에요. 연잎 표면의 구조를 관찰하고 직접 잎 위에 여러 가지 물질을 떨어뜨려 보면서 연잎이 가진 성질을 알아보세요.

○
오톨도톨한 돌기들이 물을 튕겨내

물은 모든 생물이 살아가는 데 가장 필수적인 물질이에요. 아무리 튼튼한 사람이라도 물 없이는 며칠을 버티기도 힘들죠. 그런데 물을 관찰하다 보면 신기한 성질을 찾을 수 있어요. 연잎 위에 떨어진 물은 흘러내리지 않고 동글동글 맺히거든요. 물은 언뜻 보면 아무런 형태가 없는 것처럼 보이지만 담는 그릇에 따라 다양한 모습으로 변해요. 컵 속에 담기면 컵 모양이 되고 대접에 담기면 대접 모양으로 변하죠.

그런데 물이 유일하게 스스로 일정한 형태를 갖추고 있을 때가 바로 연잎에 물이 닿을 때에요. 마치 공 모양의 그릇에 담긴 것처럼 말이에요. 왜 그런 현상이 나타나는 걸까요? 바로 연잎 표면이 독특한 구조로 이루어져 있기 때문이에요. 연잎 겉쪽은 기름 성분이 포함된 나노미터(10억 분의 1미터) 크기의 미세한 돌기들로 덮여 있어요. 이 돌기들 덕분에 물이 잎에 흡수되지 않고 둥둥 떠 있거나 튕겨 나가게 되는 거예요.

연잎이 가진 이러한 성질을 응용하면 새로운 발명품을 만들어 낼 수가 있어요. 비가 내려도 젖지 않는 옷을 만들거나 몸에 바르면 물에 젖지 않는 로션을 만들 수도 있죠. 그러면 물에 젖지 않고

나만큼 깔끔한 식물이 있을까?

1 혹시 〈이웃집 토토로〉라는 만화를 본 적이 있나요? 토토로는 비가 오면 우산 대신 연잎을 쓰고 다녀요. 연잎 위에서는 물방울이 스미지 않고 동글동글 맺히기 때문이에요. 2 연잎의 겉쪽은 아주 작은 오톨도톨한 돌기로 덮여 있어요. 그래서 물이 잎에 흡수되지 않는 거죠. 3 가시연은 싹을 틔울 수 있을 때까지 수십 년 동안이나 참을 줄 아는 끈기 있는 친구예요.

도 신나게 물놀이를 즐길 수 있을 거예요. 연잎을 자세히 관찰했을 뿐인데 기존에 찾아볼 수 없었던 다양한 발명품들을 만들 수 있는 것이죠.

○
안전한 가습기를 만들어요

연잎은 동그랗게 물방울을 만드는 것 이외에도 특별한 성질을 하나 더 가지고 있어요. 바로 항상 깨끗한 상태를 유지하고 있다는 점이에요. 연잎이 자라는 환경은 진흙이 많고 물이 탁한 경우가 많아요. 물 위에는 부유물도 많이 떠 있고요. 그럼에도 불구하고 연잎은 항상 깨끗한 상태를 유지할 수 있어요.

가습기 살균제 때문에 많은 사람들이 고통을 겪게 된 사건이 있었어요. 가습기를 사용하다 보면 곰팡이와 같은 질병을 일으키는 해로운 물질이 발생하는데 그것을 없애주는 것이 살균제예요. 가습기 제조 기업들은 살균제가 인체에 전혀 해가 없는 것처럼 광고를 했지만 그 속에는 굉장히 위험한 물질들이 들어 있었어요. 가습기에서 발생하는 해로운 균을 죽이기 위해 사용된 물질이 오히려 사람들을 죽이는 무서운 독이 된 것이죠.

연잎의 구조를 응용해서 가습기를 만들었다면 이러한 인명 피해를 막을 수가 있었을 거예요. 연잎 구조를 응용해서 만든 가습기에는 살균제가 전혀 필요가 없기 때문이에요.

연잎은 물을 튕겨내 버리니 습기를 좋아하는 곰팡이가 생길 일도 없고, 오염물질이 묻더라도 털어내면 원래대로 깨끗해질 수 있으니까요. 사람들이 만든 물질들은 완벽하지 않아요. 지금 당장은 괜찮은 것 같지만 시간이 흐르면 여러 가지 문제점들이 나타나게 돼요. 그중에는 단순히 사용하는 데 불편한 점뿐만 아니라 사람들의 안전을 위협하는 큰 문제도 있을 수 있어요. 이때 자연 속 생물들이 가진 지혜를 활용하면 보다 더 편리하고 안전한 도구를 만들 수 있어요.

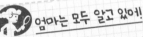

엄마는 모두 알고 있어!

부처님 오신 날이 다가오면 거리마다 연등이 달리는 걸 본 적이 있을 거예요. 연등은 연꽃을 흉내 낸 등이에요. 연꽃은 더러운 물에서 피더라도 항상 깨끗한 모습이라서 부처님이 좋아하셨대요. 연등에 이런 과학적인 의미가 숨어 있는 줄은 몰랐지요?

○
참고 기다리면 언젠간 싹이 나와

우리가 아는 연잎은 대부분 표면이 매끄럽고 부드러운 경우가
많아요. 하지만 연잎 중에는 평소에 쉽게 보지 못했던 희한한 모
습을 가진 녀석도 있어요. 바로 가시연이라는 식물이에요. 가시연
은 잎 표면에 가시가 많고 주름이 많이 져 있는데, 그 모습이 마치
악어의 등껍질처럼 신기하게 생겼어요. 녀석은 독특한 생김새만
큼이나 특별한 능력을 가지고 있어요. 가시연은 오랜 시간이 흘러
도 싹을 틔울 수 있거든요.

1900년대 초만 하더라도 경포습지에는 가시연이 많이 자랐어
요. 그런데 습지를 매립하고 환경이 변화하면서 가시연이 점차 자
취를 감췄어요. 그러고 나서는 한동안 가시연을 만날 수가 없었어
요. 하지만 최근에 매립되었던 땅을 원래 습지로 되돌리자 그동안
볼 수 없었던 가시연이 다시 자라나기 시작했어요. 수십 년이 넘
게 땅 속에서 씨앗 상태로 잠들어 있던 녀석들이 깨어난 것이죠.
대단하지 않나요?

가시연이 갑자기 싹을 틔운 것 같지만 녀석들은 수십 년 동안
싹을 틔울 수 있는 알맞은 환경을 기다려온 거예요. 그리고 싹을
틔우기에 알맞은 빛과 온도, 수분이 제공되자 마침내 싹을 틔우게

된 것이죠.

아무리 열심히 노력해도 기대했던 결과가 안 나올 수가 있어요. 수십 년 동안 가시연이 싹을 틔우지 못한 것처럼 주변의 여건들이 충분히 준비가 되어 있지 않았기 때문이에요. 상상력이 풍부한 사람들은 시대를 앞서가다 보니 세상이 그들의 생각을 받아들일 준비가 되어 있지 않은 경우가 많아요. 자동차를 발명했지만 잘 닦인 도로가 준비되지 않은 것처럼 말이에요. 그러면 대부분의 사람들은 다닐 수 있는 도로가 없으니 자동차가 아무짝에도 쓸모없는 물건이라고 말하겠죠.

이때 포기하지 않고 묵묵하게 자신의 길을 걷다 보면 언젠가는 노력한 만큼의 결실을 맺을 수 있을 거예요. 수십 년을 기다렸다가 싹을 틔운 가시연처럼 말이에요.

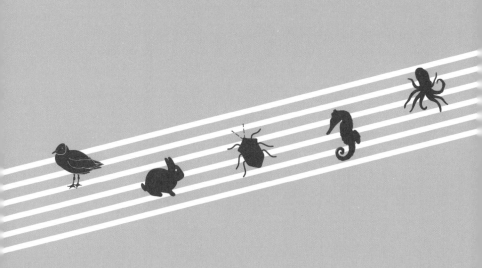

4

오감을 활용해
경험해야 내 것이 된다

흔히 인간의 감각은 시각, 청각, 후각, 미각, 촉각으로 나눕니다. 이렇게 오감으로 부르는 감각은 인간이라면 누구나 가지고 있어서 그다지 특별할 게 없는 것처럼 보입니다. 하지만 오감에 이상이 없다고 해도 모두가 똑같이 느끼고 받아들이지도 않습니다. 선천적으로 타고난 예민함의 차이일 수도 있지만 똑같은 대상이라도 어떻게 보고 듣고 느끼냐에 따라 자극을 받아들이는 정도가 달라질 수가 있기 때문입니다.

오감이 잘 발달된 사람은 그렇지 않은 사람들보다 훨씬 더 많은 정보와 자극을 받아들일 수 있습니다. 그들은 다른 사람들에게는 너무 작아서 보이지 않는 대상도 발견하고는 합니다. 아무런 냄새가 나지 않는 물건에서도 미묘한 냄새를 느낄 수 있고, 아무것도 느껴지지 않는 미세한 자극도 커다랗게 받아들일 수 있습니다. 다른 사람들이 놓치는 수많은 자극과 정보를 받아들이니 그들이 만나는 세상은 늘 신기하고 새롭습니다. 그러니 항상 즐거움과 호기심으로 가득 차 있지요.

아이들이 창의력을 발휘하기 바란다면 아이들의 오감을 활짝 열어젖혀 줘야 합니다. 그리고 무뎌져 있던 감각의 날을 예리하게 갈고 닦는 데에는 자연에 있는 생명만큼 좋은 것도 없습니다. 아이들에게 물, 흙, 나무, 풀 등을 자세히 관찰해 보라고 권해보세요. 아이들은 어제와 같은 모습이라고 심드렁해 할지도 모릅니다. 아직까지 아이들의 감각이 무뎌져 있기 때문입니다.

자연은 고정된 것처럼 보이지만 늘 변하고 있습니다. 그러니 아이들에게 매 시간, 하루하루 달라지는 자연의 모습을 비교하고 어떤 점이 달라졌는지를 찾아보게 해주세요. 흐르는 시냇물에 손을 적셔보고 시원한 물의 느낌을, 낙엽이 쌓인 흙을 밟으며 푹신푹신한 흙의 감촉을, 눈을 감으면 들리는 산새가 지저귀는 소리와 매미가 울어대는 소리를, 아름답게 핀 야생화가 풍기는 향내를 가르쳐주세요. 그동안 잠들어 있던 아이들의 감각이 다시 깨어나서 활발하게 작동하기 시작할 겁니다.

우리는 보통 책을 통해 지식이나 정보를 받아들입니다. 모든 것을 직접 경험할 수 없기 때문에 간접 경험을 하는 것이죠. 하지만 책도 좋지만 간접 경험은 진짜 자신의 것이 될 수 없습니다. 경험을 통해 깨달은 지식이 훨씬 더 가치가 있고 소중하지요. 책에서 아무리 맛있는 음식을 설명한다고 한들 실제로 맛보고 느끼는 경험을 주지는 못하니까요. 직접 냄새를 맡고 맛을 봐야 진짜 나의 지식이 될 수 있듯이, 자연 속에서 보고 듣고 느끼는 경험이야말로 진정한 배움의 과정일 것입니다.

아이들이 직접 경험해 보는 것이 중요한 까닭은 그 안에 시행착오라는 과정이 들어 있기 때문입니다. 누구나 맨 처음 하는 일에는 실수를 하거나 잘못을 저지르기 마련입니다. 그리고 실수를 통해 잘못된 점을 개선하고, 그 과정에서 새로운 방법이 생겨나죠. 에디슨이 전구를 발명한 데에는 수천 번의 시행착오가 있었습니다.

시행착오의 과정은 아이들을 강인하게 만듭니다. 아이들이 자연을 관찰하고 탐구하면서 여러 가지 시행착오를 겪을 수 있도록 도와주세요. 자연은 아이들이 실패했어도 꾸짖거나 나무라지 않습니다. 그리고 어른의 역할이란 아이들이 자연에서 실수하지 않도록 돕는 것이 아니라 기꺼이 실수하도록 지켜봐주고, 실수나 실패를 했다고 해서 주눅이 들지 않도록 격려해주는 것입니다.

친구야,
내게로 와줘서 정말 고마워

진돗개

개

○
인간의 아주 오랜 벗 '개'

개처럼 인간에게 친근한 동물이 있을까요? 또 녀석들처럼 인간을 위해 희생하는 동물이 있을까요? 아마 이 세상 곳곳을 다 뒤져도 찾기 어려울 거예요. 항상 우리 곁에서 살아가는 개, 여러분은 개에 대해서 얼마나 많이 알고 있나요?

전 세계에는 400품종이 넘는 개가 있는 것으로 알려져 있어요. 말티즈처럼 몸집이 작은 녀석이 있는가 하면 리트리버처럼 매우 큰 녀석도 있지요. 또 포메라이언처럼 털이 복슬복슬한 녀석이 있는가 하면 치와와처럼 아주 짧은 털을 가진 녀석도 있어요.

맨 처음 인간의 손에 길러진 개는 이렇게 종류가 많지 않았어요. 개들의 종류가 많아진 까닭은 사람들이 자꾸만 다른 생김새와 크기를 가진 개를 만들었기 때문이에요. 수많은 생물들 중에서 개만이 유일하게 스스로 환경에 적응하고 진화한 것이 아니라 사람들의 필요에 따른 진화를 한 것이죠.

그래서인지 개는 다른 동물들과는 달리 유난히 사람들에게 기대는 경향이 있어요. 녀석들은 하루 종일 사람을 기다리고, 사람들에게 사랑받기 위해 노력해요. 때로는 사람들로부터 학대받고 버림받을지라도 그 사랑에는 변함이 없지요.

그동안 우리는 개를 떠올릴 때 '사람들을 기쁘게 해주는 동물' 정도로만 여기는 경우가 많았어요. 그래서 항상 우리 곁에 머물고 있지만 특별한 탐구의 대상으로 생각해 본 적은 없었을 거예요. 개에 대해 알고 있는 정보들이란 그저 후각 능력이 좋다거나 귀가 밝아서 잘 듣는다는 상식 수준의 것들이었을 테고요.

그럼 이제부터 개의 생김새와 습성을 관찰하고 녀석들이 가진 뛰어난 능력의 비밀을 볼까요?

○
언제부터 개는 우리의 친구가 되었을까?

개는 사람들에게 매우 특별한 친구예요. 주인이 돈이 많든 적든, 키가 크든 작든 상관없이 인간을 대하고 사랑해요. 하지만 처음부터 개가 인간의 친구로 지내온 것은 아니에요. 가축이 되기 전 개는 사람들을 공격하고 식량을 뺏어가는 골치 아픈 동물에 불과했어요. 그런 동물들을 '유해 조수'라고도 해요. 그럼 녀석들은 어떻게 인간의 친구가 된 것일까요?

개의 진화에 관해서는 여러 가지 학설이 존재해요. 어떤 학자들은 우리 조상들이 새끼 늑대를 데려다가 키우면서 길들여서 가축으로 만들었다고 주장해요. 또 다른 학자들은 우리 조상들이 살던 곳 주변에서 사람들이 남긴 음식을 먹고 살아가던 녀석들이 스스로 가축이 되었다고 주장하기도 해요. 서로 다른 주장 같아 보이지만 두 주장 사이에는 공통점이 하나 있어요. 바로 개의 조상이 늑대라는 사실이에요. 이를 증명하듯이 실제로 개와 늑대의 유전자가 일치하는 부분이 많아요.

오늘날 개가 인간의 친구로 남아 있는 까닭은 수만 년 전에 살았던 상상력이 풍부한 사람들이 늑대를 길들이는 방법을 알아냈기 때문이에요. 그들은 개를 키우면 사람들의 생활을 도와줄 수 있다고 생각했어요. 개가 가진 뛰어난 후각이나 청각이 맹수로부터 사람들을 지켜주고, 또 음식을 찾는 것을 도와줄 수 있다는 사실을 알고 있었으니까요. 이렇게 시작된 개와 인간의 관계는 수만 년이 지난 오늘날까지 이어져 오고 있어요.

○
마치 초능력 같은 코의 감각

개는 매우 뛰어난 후각 능력을 가진 동물이에요. 사람들보다 100만 배나 더 뛰어난 후각으로 미세한 냄새까지 빠트리지 않고 분별해낼 수 있어요. 개가 가진 뛰어난 후각 능력에는 어떤 비밀이 숨어 있을까요?

우리 인간에게 운명을 맡긴 친구

1 개와 조상이 같은 늑대. 생김새도 비슷하죠? 2 개의 코. 냄새를 잘 맡기 위해 항상 촉촉하게 젖어 있어요. 3 왼쪽부터 차례대로 불독, 푸들, 도베르만, 비글. 생김새도 다르고 성격도 다르지만 모두 개예요. 인간의 필요에 의해 수많은 종류로 갈라졌기 때문이에요.

먼저 개 코를 만져보세요. 항상 촉촉하게 젖어 있다는 것을 알수 있을 거예요. 코가 항상 젖어 있는 까닭은 공기 중에 흩어진 냄새 입자를 잘 포착하기 위해서예요. 녀석들은 냄새를 잘 맡기 위해서 혓바닥으로 코에 침을 바르며 항상 촉촉한 상태를 유지해요.

또 개는 음식을 먹거나 냄새를 맡을 때에도 코를 킁킁거려요. 아무 의미 없는 행동 같아 보이지만 녀석들은 코를 킁킁거리는 행동을 통해 받아들인 냄새 입자를 3억 개에 달하는 후각세포로 전달해요. 게다가 뇌에서 냄새를 담당하는 영역이 사람보다 네 배정도 크기 때문에 훨씬 더 냄새를 잘 맡을 수 있어요. 이쯤 되면 녀석들은 마치 냄새를 맡기 위해 태어난 동물처럼 보여요.

개는 뛰어난 후각 능력 덕분에 각종 구조 현장에서 곤경에 빠진 사람들을 구해내는 일은 물론 경찰견, 마약탐지견 등 많은 분야에서 사람들을 대신하고 있어요. 최근에는 암과 같은 질병까지 찾아내고 있어요. 뛰어난 후각 능력으로 각종 암세포가 가진 독특한 냄새를 알아내는 것이죠. 개가 가진 능력을 활용하는 것만으로도 이렇게 재미있는 결과를 만들어낼 수 있어요. 생물들이 가진 다양한 능력을 활용할 수 있다고 생각해보세요. 우리가 풀지 못한 수많은 문제를 녀석들이 해결해줄 수 있지 않을까요?

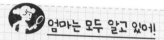

엄마는 모두 알고 있어!

유형성숙이라는 말이 있어요. 어른이 된 다음에
도 어릴 때의 모습을 간직하는 현상을 뜻해요.
바로 우리 인간들이 그렇대요. 그런데 친해지면
닮는다고 하나요? 개 또한 유형성숙을 잘 보여
주는 동물 가운데 하나예요. 보세요, 개는 강
아지일 때도 다 컸을 때에도 모두 귀엽잖아요.

동안이라고 하지?

○
뛰어난 청각을 가졌어요

개는 후각뿐만 아니라 듣는 능력도 아주 뛰어나요. 사람들에
비해 네 배나 더 뛰어난 청각 능력을 가지고 있다고 해요. 개를 키
워본 경험이 있는 친구라면 아무것도 들리지 않았는데 개가 반응
을 하는 경우를 본 적이 있을 거예요. 녀석들은 멀리서 들려오는
주인의 차 소리나 발자국 소리를 듣고 짖거나 꼬리를 흔들어대요.
사람들 귀에는 다 같은 엔진 소리처럼 들리지만 정확하게 주인이
타고 다니는 차의 엔진 소리를 구분해내는 것이죠.

개가 가진 놀라운 청각 능력의 비밀은 무엇일까요? 바로 개가
사람이 들을 수 있는 소리 영역보다 훨씬 더 넓은 범위의 소리를

들을 수 있기 때문이에요. 사람은 평균 20헤르츠~2만 헤르츠 범위의 소리를 들을 수 있지만 개는 그것보다 훨씬 더 넓은 16헤르츠~7만 헤르츠 범위까지 들을 수 있어요. 게다가 개는 사람에 비해 큰 귀를 가지고 있고 귀 주변에 근육이 잘 발달해서 자유자재로 귀를 움직이며 소리가 어디서 나는지 찾아낼 수 있어요.

　동물들은 저마다 다른 재능을 가지고 있어요. 개는 냄새를 잘 맡고, 치타는 달리기를 잘해요. 벼룩은 점프를 잘하고 도요새는 비행을 잘하죠. 개가 날지 못한다고 해서, 도요새가 달리기를 하지 못한다고 해서 쓸모가 없는 것이 아니에요. 녀석들은 저마다 자신이 가진 능력을 발휘하며 최선을 다해 살아가고 있어요.

　사람들이 가진 재능도 어느 것 하나 똑같은 것이 없어요. 예술적 재능이 뛰어난 사람도 있고, 운동을 잘하는 사람도 있죠. 글을 잘 쓰는 사람이 있고, 수학 문제를 잘 푸는 사람도 있어요. 중요한 점은 자신에게 재능이 없다고 불평하는 것이 아니라 자신이 잘하는 것이 무엇인지 찾아야 한다는 거예요. 그러기 위해서는 다양한 경험을 해봐야만 해요. 악기도 연주해 보고 글도 써 보고, 달리기도 해 봐야 무엇을 잘하는지 알 수가 있으니까요. 여러분은 지금 자신이 무엇을 좋아하는지, 무엇을 잘 하는지 알고 있나요?

조금 더 멀리 가고 싶어서
너희들을 귀찮게도 해

도꼬마리

○
짝 달라붙어 안 떨어지는 친구

도꼬마리는 우리 주변에서 쉽게 볼 수 있는 식물이에요. 숲속을 걸어본 친구라면 옷에 달라붙어서 잘 떨어지지 않는 둥근 열매를 본 적이 있을 텐데요. 바로 도꼬마리에요. 정확히 얘기하면 도꼬마리의 열매, 즉 씨앗이죠. 대부분의 사람들은 도꼬마리가 옷에 달라붙는 것을 매우 귀찮게 여겨요. 일일이 하나씩 떼어내는 것이 귀찮기 때문이에요.

하지만 어떤 사람은 '왜 옷에 달라붙을까?' 하고 의문을 가져요. 그러면서 옷에 붙은 도꼬마리를 손으로 뜯어서 만져보기도 하고 자세히 들여다보기도 하죠. '도대체 어떤 구조로 되어 있기에 옷이나 털에 달라붙을까?' 그 이유를 찾고 싶기 때문이죠.

○
도꼬마리는 어디에서 살아갈까?

식물은 동물과는 달리 움직이지 않고 가만히 있는 것처럼 보여요. 하지만 식물이라고 해서 움직이지 않는 것은 아니에요. 단지 사람의 시간 기준에서 움직이지 않는 것처럼 보일 뿐이에요. 사람들은 1초, 1분, 한 시간과 같이 짧은 시간 동안에 변화가 나타나야 움직인다고 생각해요. 하지만 식물은 그렇게 짧은 시간 안에서는 변화가 나타나지 않아요. 하루, 열흘, 한 달, 일 년에 걸쳐서 서서히 변화가 일어나죠.

사람들 눈에는 변화가 거의 없는 듯 보이지만 녀석들은 매 순간 변화하고 있어요. 키가 크고 몸무게가 늘어나는 것처럼 싹을 틔우고 꽃을 피우고 열매를 맺으며 끊임없이 움직이고 있죠.

여러분이 지식을 쌓고 지혜를 배워가는 과정도 이와 비슷해요. 한번 관찰했다고 해서 커다란 발견을 할 수는 없어요. 때로는 어제보다 나아진 점이 없다는 사실에 실망할 수도 있고요. 하지만 한 톨의 작은 씨앗이 하루하루 조금씩 성장해서 커다란 나무가 되듯이 여러분도 눈에 띄지는 않지만 조금씩 자라고 있어요. 짧은 시간 동안 변화가 나타나지 않더라도 묵묵하게 한 걸음씩 내딛다 보면 어느새 여러분도 아름드리 나무로 성장해 있을 거예요.

○
도꼬마리 열매가 옷에 붙는 까닭은?

도꼬마리 열매가 옷이나 동물의 털에 달라붙는 까닭은 무엇일까요? 돋보기나 현미경으로 도꼬마리 씨앗을 자세히 들여다보면 갈고리 모양으로 굽은 가시를 발견할 수 있을 거예요. 녀석들은

① ② ③

나는 한번 붙으면 절대로 안 놔줘!

1 도꼬마리 잎과 열매. 아직 완전히
익지 않아 파래요. 2 도꼬마리 열매
를 확대해봤어요. 가시 모양이 꼭 갈
고리 같지요? 3 옷에 자주 쓰이는 벨
크로는 도꼬마리에서 힌트를 얻은 발
명품이에요. 벨크로가 뭔지 잘 모르
겠다고요? 여러분이 운동화 신을 때
자주 열고 닫는 '찍찍이' 말이에요!

이 갈고리 덕분에 동물 털이나 사람들 옷에 착! 하고 잘 달라붙을 수 있어요. 특히 가시는 서로 다른 방향으로 구부러져 있어서 어느 방향에서나 달라붙을 수 있도록 되어 있어요.

도꼬마리는 왜 그런 형태로 진화해온 것일까요? 바로 더 멀고 넓은 곳으로 종자를 번식시키기 위해서예요. 식물은 끊임없이 변화하고 움직이지만, 한곳에 뿌리를 내리고 있어서 다른 곳으로 이동하지는 못해요. 그래서 녀석들은 자유자재로 움직일 수 있는 동물의 털이나 사람들 옷에 씨앗을 달라붙게 해서 종자를 번식시켜 왔어요. 아주 오랜 시간에 걸쳐서 사람들 옷이나 동물 털에 씨앗이 잘 달라붙도록 갈고리 형태로 진화한 것이죠.

사람들 입장에서는 움직이지 못하고 평생 동안 한곳에만 갇혀 있다면 무척 답답하고 힘들 텐데, 녀석들은 불평불만도 없이 묵묵하게 종자를 번식시키며 살아가요.

○
누군가는 짜증나는 일에서 새로운 생각을 해

신발이나 장갑, 가방 등에 사용되는 벨크로는 도꼬마리로부터 영감을 얻어서 만들어졌어요. 스위스의 전기기술자였던 메스트랄은 개를 데리고 사냥하기를 좋아했어요. 하지만 사냥이 끝난 다음 개털에 달라붙은 도꼬마리 열매는 짜증나는 일이었죠. 일일이 개털에 달라붙은 도꼬마리 열매를 뜯어주어야 했으니까요.

그런데 그는 불평만 하지 않고 오히려 새로운 아이디어를 떠올렸어요. 바로 도꼬마리를 자세히 관찰하면서 단추나 신발끈을 대신하는 새로운 발명을 한 것이었죠. 그는 한쪽 면은 끝이 휘어진 갈고리 모양으로, 반대쪽 면은 둥근 고리 모양으로 만들었어요. 두 부분이 닿으면 서로 결합할 수 있도록 말이에요. 도꼬마리가 털이나 옷에 달라붙는 원리를 적용한 거죠.

수없이 많은 사람들이 도꼬마리가 옷이나 털에 달라붙는다는 것을 알고 있었어요. 하지만 메스트랄이 만들기 전까지는 벨크로와 같은 발명품은 나오지 않았어요. 모두들 불평만 할 뿐 의문을 갖지 않았기 때문이에요.

메스트랄이 벨크로를 발명한 것은 익숙한 사물이라고 해서 허투루 여기지 않고 새로운 모습을 보기 위해 노력했기 때문이에요. 여러분도 감각의 날을 바짝 세워서 주변의 사물을 자세히 관찰하고 질문을 던져보세요. 이제까지 전혀 몰랐던 새로운 모습을 발견할 수 있을 거예요.

나는 날씨에 따라
모습을 바꾸지

솔방울

○
옛날에는 장난감이었어

숲속을 걷다 보면 땅 위에 떨어진 솔방울을 볼 수 있을 거예요.
하지만 사람들은 어디서든지 흔하게 볼 수 있기 때문에 솔방울에
대해서 그다지 관심을 갖지 않아요. 때로는 길가에 떨어진 나뭇잎
이나 쓰레기처럼 여겨지는 경우도 많고요.

하지만 지금처럼 컴퓨터나 스마트폰이 없던 시절 솔방울은 아
이들의 즐거운 놀이 도구가 되어준 고마운 녀석이에요. 눈싸움을
하는 것처럼 솔방울 싸움을 할 수 있었거든요. 솔방울은 가벼워서
맞아도 전혀 아프지 않았어요. 게다가 쉽게 구할 수 있고, 환경을
오염시키지도 않기 때문에 아이들에게는 더할 나위 없이 좋은 놀
이 재료였어요.

별 볼 일 없이 여겨지는 대상이라도 어떻게 바라보느냐에 따라
쓰레기가 될 수도 있고 훌륭한 재료가 될 수도 있어요. 중요한 점
은 그 대상에 대해서 얼마나 많이 알고 있느냐 하는 거예요. 자연
은 관심을 갖고 들여다보는 사람들에게만 눈길을 주고 새로운 생
각과 지혜를 주니까요.

○
솔방울에게 날개가 있다고요?

솔방울이라고 하면 대부분 둥글고 딱딱한 모습을 떠올릴 거예요. 손으로 만져본 친구라면 더욱 더 그렇게 여기죠. 하지만 그것은 솔방울을 자세히 살펴보지 않아서 그래요. 솔방울을 구성하고 있는 조각들을 하나씩 떼어내면 여태껏 보지 못했던 솔방울의 다른 모습이 보일 거예요.

솔방울 조각들은 마치 물고기 비늘을 보는 것처럼 생겼어요. 그래서 이름도 '비늘'이라고 부르죠. 비늘은 공중에서 머무는 시간을 늘릴 수 있는 모양새로 이루어져 있어요. 마치 헬리콥터 날개처럼 회전하면서 공기 흐름을 따라 위로 올라갈 수 있어요. 이러한 모습 덕분에 비늘에 달려 있는 소나무 씨앗은 더 멀리 날아가서 자랄 수 있지요.

동물들처럼 마음대로 이동할 수 없는 식물들은 엄마 식물로부터 최대한 멀리 떨어져 있어야 생존율이 높아져요. 서로 가까이 붙어 있으면 성장에 필요한 물이나 양분, 햇빛을 서로 차지하기 위해 경쟁을 해야 하기 때문이에요. 필요 없는 경쟁을 막는 것이 생존하는 데 가장 필요한 조건이 되는 거예요.

솔방울에 붙어 있는 비늘을 이용해서 여러 가지 관찰을 해보세

소나무는 잎이 뾰족하지만 열매
는 방울방울하지요

1 활짝 벌어진 솔방울의 비늘. 꼭
물고기 비늘 같지요? 날이 추우면
닫히고 따뜻해지면 열린다고 해요.
2 아직 다 자라지 않은 솔방울. 비
늘이 꽁꽁 닫혀 있어요. 3 소나무
의 싹. 솔방울이 무성하게 달려 있
는 아름드리 나무도 이렇게 작은
싹에서 시작했어요.

요. 하나씩 떼어내서 어떤 느낌이 나는지 만져보고, 냄새도 맡아 보세요. 또 공기 중에 날려서 얼마나 오래 회전하는지 알아보세요. 솔방울이 얼마나 신기한 녀석인지 알 수 있을 거예요.

○
솔방울이 옷으로 변했어요!

솔방울에게는 아주 독특한 비밀이 있어요. 날씨에 따라서 비늘의 상태가 달라지거든요. 솔방울 조각들은 날씨가 화창할 때에는 비늘이 활짝 열렸다가 흐리거나 비가 올 때에는 비늘이 닫혀요. 또 온도에 따라서도 비늘 조각이 붙어 있는 정도가 달라져요. 날씨가 추울 때에는 비늘 조각들이 단단히 붙어서 닫혀 있지만 따뜻해지면 활짝 벌어지죠.

솔방울의 비늘이 자주 변하는 까닭은 더 멀리 씨앗을 퍼뜨리기 위해서예요. 아무래도 날씨가 춥고 비가 오는 날보다는 따뜻하고 건조할 때 씨앗이 멀리 날아가서 자리를 잡을 수 있겠죠.

날씨와 기온에 따라 모습을 바꾸는 솔방울의 원리를 이용하면 비나 눈, 더위와 추위 등 날씨에 따라 자동으로 변하는 옷을 만들수도 있어요. 지금은 계절에 따라 여러 가지 옷을 바꿔서 입지만 솔방울을 응용한 옷이 만들어진다면 봄, 여름, 가을, 겨울 내내 하나의 옷으로만 지내도 될 거예요. 날씨가 덥다고 옷을 벗지 않아도 되고 춥다고 두껍게 껴입을 필요도 없게 되겠지요. 날씨에 따라 옷에 있는 미세한 구멍들이 자동으로 열렸다가 닫히면서 온도 조절을 할 테니까요.

솔방울을 자세히 관찰하지 않았다면 결코 이와 같은 독특한 물건은 떠올리지 못했을 거예요. 자연의 변화 과정을 자세히 들여다보고 탐구하는 과정이 있었기 때문에 이렇게 기발한 상상을 할 수 있는 거예요.

엄마는 모두 알고 있어!

옛부터 우리나라에서는 소나무를 무척 좋아했어요. 알록달록한 가을에도 추운 겨울에도 항상 푸른 모습을 간직하고 있기 때문이에요. 또 소나무는 갈로탄닌을 분비하는데 이게 천연 제초제 역할을 해서 소나무 주변에는 잡초가 잘 못 자란대요. 이래저래 고고한 나무죠.

솔잎

○
솔방울을 이용한 천연 가습기

날씨에 따라 수시로 변하는 솔방울을 관찰해보세요. 비가 오는 날에는 잔뜩 물을 머금고 쪼그라든 모습을 볼 수 있을 거예요. 반대로 맑은 날에는 물을 밖으로 배출해서 껍데기가 벌어진 모습을 만날 수 있을 테고요.

이러한 원리를 이용하면 인체에 아무런 해를 끼치지 않는 천연 가습기를 만들 수도 있어요. 물기를 잔뜩 머금은 솔방울 여러 개를 방안에 놓아두면 방안 습도를 안정적으로 유지할 수 있기 때문이에요. 솔방울은 방안이 건조해지면 수분을 배출하고 습기가 많으면 수분을 빨아들여요.

솔방울 가습기에는 전기나 연료와 같은 동력원도 전혀 필요 없어요. 물기가 사라진 솔방울을 다시 물속에 넣기만 하면 가습기로 재활용할 수 있기 때문이에요. 여러분이 직접 솔방울 가습기를 만들어서 책상 위에 놓아보는 것은 어떨까요? 아마 솔방울에서 풍기는 향긋한 냄새를 맡으며 자연이 주는 상쾌함을 느낄 수 있을 거예요.

그동안 솔방울이 우리 주변에서 쉽게 볼 수 있는 사소하고 익숙한 모습에 불과하다고 여겨왔던 친구들이 많을 거예요. 하지만 솔방울은 여러분이 알고 있었던 것보다 훨씬 더 쓸모 있고 멋진 녀석이에요. 오감을 활짝 열어젖히고 자연을 만나다 보면 하찮게 여겨지던 대상들에서도 소중한 가치나 그 쓰임새를 찾아낼 수 있을 거예요.

버릴 게 하나 없는
반짝반짝한 친구

전복

조개

○
버려지는 물건도 다시 생각해

조개는 인간이 처음 나타나기도 훨씬 이전인 고생대 시기부터 지구상에 있었던 생물이에요. 녀석들은 딱딱한 껍데기로 몸을 보호하면서 오늘날까지 다양한 형태로 진화해 왔어요. 바지락이나 백합처럼 판판한 두 장의 껍데기를 갖게 된 녀석들도 있고, 소라나 고둥처럼 나선형의 껍질을 갖게 된 녀석들도 있어요.

우리나라에는 생김새나 습성이 제각각 다른 190종이 넘는 조개가 살고 있어요. 조개는 오래전부터 도요새나 해달과 같은 많은 동물들의 먹이로 이용되어 왔어요. 빠르게 도망치지 못해서 쉽게 잡을 수 있는 데다가 영양가가 높아서 생명 활동에 필요한 에너지를 내는 데 충분하기 때문이에요.

조개는 동물들뿐만 아니라 사람들에게도 오랜 시간 훌륭한 단백질과 칼슘을 제공해 주었어요. 그래서인지 많은 친구들이 조개를 음식 정도로만 생각하는 경우가 많아요. 또 조개껍데기는 조개 속살을 먹고 나면 나오는 쓰레기 정도로 생각할 거고요. 이제까지 조개를 그렇게만 이용해왔으니까 말이에요.

하지만 조개는 인간에게 음식으로만 사용되는 것이 아니에요. 녀석들은 오래전부터 다양한 분야에서 여러 가지 용도로 활용되어 왔어요. 최근에는 과학기술이 급격하게 발전하면서 최첨단 기능을 가진 제품에도 쓰이고 있고요.

○
어른이 된다는 건 단단해지는 거야

조개는 우리에게 매우 익숙한 생물이에요. 하지만 녀석들이 성장해가는 모습을 아는 친구는 많지 않을 거예요. 사람들의 접근이 쉽지 않은 갯벌이나 물속에서 살아가기 때문에 관찰하기 어렵기 때문이에요.

맨 처음 태어난 조개는 껍데기를 갖고 있지 않아요. 마치 엄마 뱃속에서 갓 태어난 아기가 옷을 입고 있지 않은 것처럼 말이에요. 다른 점이 있다면 아기는 엄마가 옷을 입혀주지만 조개는 스스로 껍데기를 만들어간다는 점이에요.

뼈도 관절도 없는 물렁물렁한 몸으로 딱딱한 껍데기를 만들어가는 과정은 놀라울 뿐이에요. 녀석은 어떻게 껍데기를 만드는 것일까요? 바로 몸통 표면에 있는 근육질로 된 외투막에서 칼슘이 포함된 액체를 분비하기 때문이에요. 녀석은 칼슘 성분이 포함된 액체를 이용해 딱딱한 껍데기를 만들어서 몸을 보호할 수 있어요. 아무런 일도 할 수 없는 것처럼 보이는 연약한 몸통에서 딱딱한

오랜 시간 동안 수많은 상처를
참아내야 껍데기가 생기는 거야

1 자세히 들여다본 전복 껍데기. 보
기만 해도 단단하지요? 2 조개 유생.
조개는 태어날 때부터 딱딱한 껍데기
를 가지고 있지 않아요. 현미경으로
봐야 할 만큼 아주 작은 아기들이 스
스로 껍데기를 만들어가며 어른 조개
로 성장해나가는 것이죠. 3 조개를 이
용한 장식인 칠기. 저 무지갯빛은 조
개껍데기로만 가능해요.

껍데기를 만든다니 정말 놀랍기만 하죠?

○
쓰레기가 아니라 아름다운 예술품이야

귀조개로도 불리는 전복 하면 빠질 수 없는 것이 진주예요. 진주는 금이나 은과 같이 오랫동안 귀한 보물로 대접받아왔어요. 어떻게 거칠고 딱딱한 전복껍데기 속에서 아름다운 진주가 만들어지는지, 참 신기하지요? 전복 속에서 진주가 만들어지는 까닭은 전복이 살아남기 위해 끊임없이 노력했기 때문이에요.

전복은 바다 밑 갯벌에서 살아가기 때문에 껍데기 속에 모래와 같은 이물질이 들어가기 쉬워요. 이물질은 전복의 생명을 위협하기 때문에 가만히 놔두면 죽음을 맞이하기 쉽죠. 그래서 녀석은 살아남기 위해서 진주층이라는 투명한 액체를 분비해서 이물질을 없애려고 해요.

하지만 진주층을 낸다고 해서 이물질이 없어지지는 않아요. 그래서 녀석이 택한 방법은 이물질이 생명에 위협이 되지 않도록 몸의 일부로 만들어버리는 거예요. 이처럼 전복은 오랜 시간동안 진주층을 분비하면서 이물질을 전혀 다른 형태의 '진주'라는 보물로 대변신을 시켜요.

이물질이 몸속에 들어오지 않았다면 결코 진주라는 아름다운 보물이 만들어지지 못했을 거예요. 사람들도 마찬가지에요. 굴곡이 없는 삶은 편안하기는 하지만 생기가 넘치는 삶은 아니에요. 도전과 실패 속에서 즐거움도 있고 재미도 생기는 거지요. 실패의 쓰디 쓴 맛을 느껴본 후에야 비로소 한 단계 더 성장할 수 있어요. 전복이 이물질과 싸우다가 진주를 만들듯이 여러분도 고통을 이겨내는 과정에서 인내와 끈기라는 진주를 얻게 되겠지요. 실패가 꼭 나쁜 것만은 아니죠?

○ 버린다는 생각을 버려

먹고 남은 조개껍데기는 쓸모가 없어서 버리는 경우가 많아요. 하지만 창의적인 생각을 가진 사람들은 버려지는 물건에서도 새로운 쓸모를 찾아낼 수 있어요. 버려지는 조개껍데기를 이용해 다양한 발명품을 만드는 것처럼 말이에요.

우리 조상들은 전복껍데기를 가구나 장식품의 문양을 꾸미는데 사용해왔어요. 영롱한 무지개 빛을 내뿜기 때문에 오랫동안 공예재료로 활용해온 것이죠. 오늘날 많은 공예품이 우리의 눈길을 잡아끌지만 전복껍데기에서 나오는 아름다운 색깔을 따라할 수는 없어요. 한낱 쓰레기에 불과한 조개껍데기를 훌륭한 예술작품으로 승화시킨 우리 조상들의 안목이 참 대단하죠?

최근에는 전복껍데기를 사용해 최첨단 소재를 개발하고 있어요. 전복껍데기로 인공 치아의 원료가 되는 바이오세라믹을 만드는 거예요. 전복껍데기는 대부분 탄산칼륨이라는 물질로 이루어져 있는데, 이 성분을 추출하면 치과의료용 바이오세라믹을 만들 수 있어요.

더 놀라운 사실은 전복껍데기를 사용해 탱크를 만든다는 거예요. 전복껍데기는 98% 가량이 탄산칼슘으로 이루어져 있는데, 탄산칼륨은 외부 충격에 매우 강한 성질을 가지고 있어요. 이러한 성질을 응용해 총알이나 대포알도 뚫지 못하는 단단한 탱크를 만들 수도 있는 거지요.

쓸모없는 전복껍데기로부터 이렇게 다양한 능력을 찾아낸 비결은 남다른 관찰력이에요. 아무리 훌륭한 성능과 아름다움을 가진 물질이라도 그 가치를 알아보지 못하면 길가의 돌이나 쓰레기나 마찬가지예요. 하지만 다른 사람들이 무심코 지나치는 것을 느낄 수 있는 사람들은 쓰레기 더미 속에서도 보물을 찾아내지요.

엄마는 모두 알고 있어!

'어부지리'라는 말 아세요? 옛날 바닷가에서 조개는 새의 부리를 콱 문 채로, 새는 조개를 콕 쫀 채로 힘겨루기를 했대요. 그렇게 서로를 꽁꽁 붙잡은 채로 버티고 있으니까 지나가는 어부가 힘들이지 않고 둘 모두를 붙잡았다는 거예요. 서로 싸우는 바람에 엉뚱한 사람만 이익을 보는 상황을 가리킬 때 많이 써요.

5

생각의 벽을 부수면
새로운 세상이 열린다

사람들에게는 벽이 있습니다. 그 벽은 어린 시절에는 아주 무르고 부드럽습니다. 그래서 쉽게 허물어지거나 부술 수 있어서 얼마든지 다른 생각들이 자유롭게 들어왔다가 나갈 수 있습니다. 하지만 점점 나이가 들면서 벽은 딱딱하게 굳어져 갑니다. 그리고 어느 순간부터 너무나 높고 단단해져서 더 이상 쉽게 부수거나 넘을 수가 없게 됩니다. 그렇게 되면 나와 다른 생각들은 벽을 넘지 못하고 결국 사라지고 말게 됩니다. 이렇게 사람들은 완고한 어른이 됩니다.

그러나 생각이란 물처럼 쉴 새 없이 흘러가야만 합니다. 마치 사람 그 자체처럼 말입니다. 한곳에 고여 있으면 물이 썩고 말듯이 우리들의 생각도 벽 속에 꽉 막혀 있으면 언젠가는 썩고 말 것입니다. 철옹성 같은 벽으로 사방이 꽉 막힌 생각들을 고정관념이라고 합니다. 대부분의 사람들은 고정관념에 사로잡혀서 세상을 살아갑니다. 새를 머릿속에 떠올리면 '날개가 있고 하늘을 날 수 있는 생물'이라는 생각을 가장 먼저 하지요. 그리고 세상에 존재하는 모든 새를 그와 같은 생각의 틀로만 이해하려고 합니다.

하지만 아무리 발이 넓은 사람이라도 세상의 모든 새를 만날 수는 없을 것입니다. '모든 새가 하늘을 날 수 있다'는 생각은 케케묵은 고정관념이라고 할 수 있습니다. 실제로 모든 새가 하늘을 날 수 있지는 않지요. 또 새 가운데에는 나는 것보다 헤엄을 더 잘 치는 녀석들이 있고, 또 땅 위를 달리는 것을 더 잘하는 녀석도 있습니다. 저마다 살아가는 환경에 따라서 다양한 생김새와 습성을 가지고 있지요. 색안경을 쓰고 들여다보면 놓치는 것이 많아집니다. 여러 가지 특징들을 무시한 채 오로지 자신이 알고 있는 지식으로만 이해하려 하기 때문입니다.

틀에 박힌 생각만 하는 사람들은 정해진 길로만 다니는 기차나 버스와도 같습니다. 그들은 도로나 철길이 끊어지면 더 이상 움직일 수가 없습니다. 길이 없으니 왔던 길로 되돌아가거나 포기하는 것 가운데 선택을 해야 하지요.

하지만 생각의 틀을 깨는 사람은 길이 없으면 길을 새롭게 만들어 갈 수 있습니다. 길이란 사람들이 편리하게 다니기 위해 만든 것에 불과하니 당연히 자신들이 새 길을 만들어서 가면 된다고 생각하는 것이죠. 생각이 자유로우면 아예 길을 뛰어넘는 창의적인 발상을 할 수도 있습니다. 굳이 땅 위에 길을 만들 것이 아니라 차라리 하늘로 날아가 버리면 어떨까 하는 혁신적인 생각을 떠올리는 것이지요. 아이들 또한 스스로를 자신이 만들어 놓은 생각의 틀 속에 가둬두면 어른이 되기 전부터 일찌감치 더 이상 새로운 생각을 할 수가 없게 됩니다. 자신이 현재 알고 있는 것, 믿고 있는 것에서 생각을 멈추게 되지요.

하늘을 날아다니는 물고기, 사람보다 더 빨리 뛰어가는 새, 사람을 도와주는 해충, 아프리카에 사는 펭귄, 생각의 벽을 부수는 신기한 세상이 바로 자연 속에 있습니다. 자연을 깊이 이해하고 알아가는 만큼 그동안 아이들이 쌓아온 단단한 생각의 벽도 점점 물러지고 낮아질 것입니다. 아이들에게 자연 속 여러 가지 생물들을 만나고 들여다보도록 도와주세요. 사방이 꽉 막혀 있는 생각의 벽을 깨부술 수 있도록 인도해주세요.

거미라고
꼭 집을 지을 줄 아는 건 아니야

울롤당루 우당이비

거미

○
거미는 귀신의 친구가 아니야!

대부분의 사람들은 거미에 대해서 좋지 않은 생각을 갖고 있는 경우가 많아요. 무서운 귀신이 나올 것 같은 허름한 폐가나 사람들이 잘 찾지 않는 통로에는 어김없이 거미줄이 있기 때문이에요. 또 피부나 옷에 거미줄이 달라붙으면 잘 떨어지지도 않고 굉장히 찝찝해서 녀석을 더욱 안 좋은 존재처럼 여기게 돼요.

하지만 거미는 여러분이 생각하는 것만큼 우리를 귀찮고 성가시게 하는 생물이 아니에요. 모기나 파리 등과 같은 해충을 잡아먹고 살아가기 때문에 오히려 사람들을 도와주는 녀석들이죠.

그럼에도 불구하고 사람들이 유독 거미를 부정적으로 생각하는 까닭은 무엇일까요? 바로 거미에 관해 편견을 갖고 있기 때문이에요. 좋지 않은 편견을 갖고 거미를 보게 되면 거미가 가진 여러 가지 특징들이 눈에 들어오지 않아요. 오로지 자신이 알고 있는 좁은 사실들이 거미의 전부가 되고 말지요. 거미에 관해 지금까지 자신이 알고 있던 내용이 틀렸다는 새로운 사실을 발견하더라도 인정하지 않을 거예요. 편견을 갖고 세상을 바라보면 그 대상이 가지고 있는 전체 모습을 균형감 있게 보지 못하고 한쪽으로만 치우쳐서 이해하게 되지요.

○
거미가 거미줄을 안 친다고?

거미줄은 거미의 상징과도 같아요. 렌즈 없는 안경을 쓸 수 없듯이, 거미줄을 빼놓고 거미를 얘기할 수는 없어요. 하지만 모든 거미가 거미줄을 치고 살아가는 것은 아니에요. 거미 중에는 거미줄을 쳐서 생활하지 않고 풀숲 위를 점프하고 다니는 녀석들도 있고, 또 땅 위를 돌아다니면서 살아가는 거미도 있어요. 녀석들은 거미줄을 쳐서 한곳에 머무르지 않고 땅이나 풀숲 사이를 이동하면서 살아가요. 그래서 거미줄을 치는 거미들보다 사람들 눈에는 잘 뜨이지 않아요.

거미가 거미줄을 치지 않고 살아간다니 조금 어리둥절하죠? 여러분이 거미를 떠올릴 때 '거미줄을 치는 거미'만을 생각하는 것은 '모든 거미가 거미줄을 칠 것이다'는 고정관념이 이미 머릿속에 있기 때문이에요.

이 세상에 존재하는 거미를 전부 다 관찰해본 것은 아니니 모든 거미가 거미줄을 친다는 것은 틀린 말이에요. 생각이 활짝 깨어 있는 친구라면 '모든 거미는 거미줄을 쳐서 살아갈까?' 이렇게 질문을 해요. 그러고 나서 거미줄을 치지 않고 살아가는 거미가 있는지 실제로 관찰을 할 거예요.

우리 조상님들이 거미는 작아도 줄만 잘 친다고 했어

1 거미의 모습만큼 다양한 거미줄. 거미라고 모두 만화에 나오는 것 같은 그물 모양의 거미줄만 치는 건 아니죠. 2 까치깡충거미. 거미줄을 치지 않는 거미도 있어요. 대신 녀석들은 깡충깡충 숲을 뛰어다니죠.

○
그래도 나는 타고난 건축가지!

거미줄을 쳐서 살아가는 거미들은 놀랍도록 신비로운 집짓기 능력을 가지고 있어요. 관찰력이 좋은 친구라면 거미 배 끝부분에서 하얀 실처럼 생긴 거미줄이 나오는 것을 본 적이 있을 거예요. 작은 몸에서 쉴 새 없이 거미줄이 나올 수 있는 까닭은 거미줄을 만드는 데 필요한 액체 상태의 단백질이 몸속에 들어 있기 때문이에요. 이 액체가 방적관을 통해 밖으로 나오면 질긴 거미줄이 되는 거지요.

녀석들은 거미줄을 이용해 집이나 숲속은 물론 동굴이나 배 안, 심지어는 땅속이나 비행기, 우주정거장에서까지 집을 짓죠. 때와 장소를 가리지 않고 평생 동안 200여 개가 넘는 집을 만들어요. 우리나라에 사는 거미의 경우 일이 년을 사는 짧은 수명에 비하면 엄청나게 많은 수의 집을 짓는 셈이에요.

그런데 혹시 거미집의 생김새나 모양을 자세히 관찰해 본 적이 있나요? 우리들 눈에는 다 똑같아 보이는 거미집도 자세히 들여다보면 종에 따라 거미집의 형태가 다르다는 것을 알 수 있어요.

지이어리왕거미는 둥근 형태로 집을 짓지만, 북왕거미는 한쪽이 없는 둥근 형태의 집을 만들어요. 또 무당거미는 말굽 모양으로 된 집을 짓지만 부채거미는 삼각형 모양으로 집을 만들죠.

이렇게 거미집 형태가 서로 다른 까닭은 살아가는 장소, 사냥 방법, 먹이 종류 등이 다르기 때문이에요. 초가집부터 벽돌집까지 사람들이 기후나 환경에 따라 서로 다른 형태의 집을 짓고 살아가 듯이, 녀석들도 서로 다른 환경에 적응해 진화한 결과 여러 가지 형태의 집을 만들게 된 거지요.

 엄마는 모두 알고 있어!

우리 조상님들은 아침에 일어나서 거미 줄에 이슬이 맺힌 모습을 보면 '오늘 화 창하겠구나!' 했대요. 거미는 촉촉한 저 녁에 줄을 치길 좋아한대요. 그리고 저 녁에 습도가 높고 날씨가 좋으면 새벽 에 이슬이 맺히기 쉽고요. 일기예보도 없 는데 거미줄만으로도 날씨를 알다니, 우리 조상님들 참 지혜로웠죠?

○
거미줄로 옷을 지을 순 없을까?

거미줄은 같은 무게의 강철에 비해 최대 20배나 질기고 튼튼해요. 거미줄을 이용하면 높은 탄성과 강도를 갖춘 새로운 섬유를 만들어낼 수 있어요. 하지만 거미줄을 대량으로 얻는 것은 매우 어려운 일이에요. 실제로 영국에서 거미줄을 이용해 옷을 만들었는데, 여기에는 120만 마리의 거미가 8년에 걸쳐서 모은 거미줄이 들어갔을 정도로 오랜 시간이 걸렸어요.

하지만 최근에는 이러한 문제를 해결할 수 있는 다양한 방법들이 개발되고 있어요. 바로 거미줄을 만드는 데 필요한 핵심 유전자를 대량 생산이 가능한 다른 생물에 결합하는 거예요. 정말 기발하지 않나요? 나날이 발전해가는 과학기술과 생물에서 발견한 새로운 지식이 합쳐져서 이전과는 다른 놀라운 기술들이 개발되고 있는 것이죠.

거미줄을 이용한 강력한 섬유가 대량으로 생산된다면 사람들의 삶은 크게 변할 거예요. 총알도 뚫지 못하는 방탄복은 물론 우리 신체를 보호할 수 있는 다양한 발명품들이 만들어질 거예요. 그러면 더 이상 사람들은 피부가 찢어지거나 상처가 나는 고통을 받지 않을 거예요.

거미줄을 이용해서 섬유를 만들 수 있다는 생각은 그 누구도 하지 못했어요. 거미줄은 하찮고 약한 것이라는 고정관념을 가지고 있었기 때문이에요. 하지만 거미줄에 관한 색안경을 벗어버리자 거미줄이 갖고 있는 새로운 장점을 찾을 수 있었어요. 고정관념을 갖지 않고 사물과 현상을 보는 것이야말로 여러분의 생각을 마음껏 펼칠 수 있는 가장 큰 힘이에요.

새가 아니라도
하늘을 날고 싶었어

날치

○
날개가 없어도 날 수 있잖아!

하늘을 나는 사람을 본 적이 있나요? 슈퍼맨도 아닌데 어떻게 하늘을 날 수 있냐고요? 사람이 새나 슈퍼맨처럼 자유롭게 하늘을 날아다닐 수는 없어요. 하지만 조금만 생각을 달리하면 사람도 하늘을 날 수 있다는 것을 알 수 있어요. 높은 곳에서 뛰어 내리거나, 높이 점프를 해서 공중에 떠 있으면 잠시 동안이나마 하늘을 난다고 볼 수 있는 것이죠.

말도 안 되는 뚱딴지같은 소리라고요? 네 맞아요. 맨 처음 비행기를 만들려고 시도했던 사람들도 말도 안 되는 무모한 도전이라는 소리를 들었어요. 때로는 미친 사람이라는 소리도 들어야 했죠. 하지만 그런 무모한 사람들의 도전과 노력 때문에 우리가 지금 헬리콥터나 비행기를 타고 하늘을 날 수 있는 거예요.

사람들이 가진 생각에는 정답이 없어요. 하지만 사람들은 생각마저도 정답이 있다고 여기는 경우가 많아요. 여러분이 기발한 생각을 말하면 누군가는 바보 같다고 비웃을지도 몰라요. 어처구니없다고 여러분을 무시할 수도 있고요.

땅 위를 기어 다니며 보는 풍경이 세계의 전부인 개미에게 하늘을 나는 것은 불가능한 일이에요. 녀석들에게 비행에 대한 설명을 아무리 자세하게 하더라도 녀석들은 하늘이라는 넓은 세계를 이해할 수가 없을 거예요. 개미는 이제껏 땅 이외의 세상을 전혀 상상해 본 적이 없기 때문이에요.

마찬가지로 자신이 알고 있는 세계가 세상의 전부인 사람들에게 그 세계를 뛰어넘는 새로운 생각을 이해시키는 것은 불가능한 일이에요. 아무리 새로운 생각을 가진 사람이라도 그들에게는 불가능한 일에 도전하는 바보로 여겨질 뿐이지요. 하지만 인류의 역사는 다름 아닌 불가능한 일에 도전하는 바보 같은 사람들에 의해 발전해 왔어요.

○
하늘을 나는 물고기

하늘을 나는 물고기를 본 적이 있나요? 강이나 바다와 같이 물속에서 사니까 물고기라고 불리는 것인데 녀석들 중에서 하늘을 날 수 있는 친구를 물어보니 생뚱맞죠? 대부분의 물고기는 하늘을 날 수 없어요. 물속에서 태어나서 평생을 물속에서 헤엄을 치고 살아가죠. 조금이라도 물 밖으로 벗어나면 파닥파닥거리면서 다시 물속으로 돌아가기 위해 안간힘을 써요.

그런데 물고기 중에는 실제로 하늘을 날 수 있는 물고기도 있어요. 예를 들어 날치처럼 말이에요. 날치는 시속 70킬로미터의 속도로 40초 동안 400미터 가량을 날 수 있다고 해요. 인류 최초로 동력 비행에 성공한 라이트 형제의 첫 비행 기록은 12초 동안 36미터를 난 것이었대요. 이에 비하면 날치의 비행 실력이 얼마나 뛰어난지 알 수 있을 거예요.

날치는 비록 물고기지만 하늘을 나는 데 적합한 형태로 몸이 진화해 왔어요. 몸에는 커다란 가슴지느러미가 마치 날개처럼 달려 있어요. 녀석들은 새가 날갯짓을 하듯 가슴지느러미를 파닥거리며 물을 차고 하늘로 날아오를 수 있어요.

또한 앞날개 역할을 하는 가슴지느러미와 뒷날개 역할을 하는 배지느러미의 각도가 다른데, 이로 인해 양력이 강해져서 더욱 멀리 날아갈 수가 있어요. 양력이란 위아래로 움직이는 물체가 받는, 위쪽을 향하는 힘을 가리키는 말이에요. 게다가 새처럼 뼈에 구멍이 나 있어서 하늘 위를 오랫동안 떠 있을 수도 있어요.

○
날치는 왜 하늘을 날고 싶어 했을까?

그런데 물속에 사는 물고기가 왜 비행에 적합하도록 진화한 걸까요? 물고기라면 물속에서 살아가는 것이 가장 안전하고 편안할

| 1 | 2 |
| 3 | |

날자, 날자, 날자, 한 번만 더 날자꾸나!

1 바다 위를 나는 날치. 새와 같은 가슴지느러미를 파닥거리며 날지요. 2 바다 위를 나는 갈매기. 날치와 비슷하지요? 3 바다 위를 나는 배 위그선.

텐데 말이에요. 아직까지 날치가 비행을 하는 이유에 대해서 확실하게 밝혀진 것은 없어요. 하지만 생각을 깊게 하다 보면 녀석이 비행하는 이유를 어느 정도 찾을 수도 있어요.

가장 큰 이유는 물속에 도사리고 있는 무서운 천적들을 피하기 위해서예요. 참치와 같은 천적에게 잡아먹히지 않기 위해 바닷물 밖으로 힘차게 비행을 하는 것이죠.

하지만 꼭 그런 이유 때문만은 아닌 것 같아요. 녀석들이 비행하는 모습은 사람처럼 비행을 즐기는 것으로 보이기도 하거든요. 사람들이 행글라이더를 타고 스릴을 즐기는 것처럼 녀석들도 바다 위를 빠르게 비행하는 색다른 경험을 즐기는 거지요.

현상이나 사실을 관찰했으면 그 안에 숨은 진짜 이유를 찾아내야 해요. 오감을 통해 받아들인 정보를 가지고 자신만의 해석이나 추리를 해보는 것이죠. 날치가 바다 위를 비행하는 것은 단순한 사실이에요. 하지만 '날치가 왜 하늘을 나는지 알아보는 것'은 자신의 생각을 펼치는 거예요. 창의력을 키우기 위해서는 스스로 관찰하고 경험했던 것들을 자신만의 생각을 통해 정리하는 노력이 필요해요.

○
좁은 세상에 갇혀서는 안돼요

날치가 하늘을 나는 것을 응용해 만들어진 배가 있어요. 바로 위그선이에요. 위그선은 마치 날치가 바다 위를 날아가는 것처럼 바다 위를 낮게 뜬 채 하늘을 날아가요. 날개가 바다 표면에 가까 울수록 양력이 더 많이 발생하는 원리를 이용해 물위를 날아가는 것이죠. 이를 해면효과라고 해요.

위그선은 날개가 달려 있어서 비행기처럼 생겼지만 국제해사 기구에는 배로 분류되어 있어요. 겉모습은 비행기를 닮았지만 엄 밀히 따지자면 배라고 할 수 있는 거죠. 하늘을 나는 배라고 해야 할까요?

하지만 위그선은 날치를 따라 했지만 물속에서 헤엄치는 것까 지는 모방하지 못했어요. 현재 개발된 위그선은 물에 떠 있거나 물 위를 날아오르는 기능밖에 없으니까요. 날치처럼 잠수할 수도 있고 비행기처럼 하늘을 날아다닐 수도 있는 교통수단이 나온다 면 우리 삶은 더욱 편리해지겠죠.

날치는 물속에서 살아가지만 평생을 그 안에 갇혀 있지는 않아 요. 자신이 살아가는 삶의 터전에서 벗어나 더 높은 곳에서 내려 다볼 수 있는 능력을 가지고 있죠.

생각의 틀을 깨기 위해서는 나만의 좁은 세상에 갇혀서는 안 돼요. 자신만의 좁은 세상을 벗어나서 더 큰 세계로 도약할 수 있는 도전과 노력이 필요해요. 바다를 박차고 하늘을 오르는 날치처럼 새로운 도전과 다양한 경험을 통해 여러분의 생각을 더 넓고 크게 키워 보세요.

피를 몰래 빤다고 해서
꼭 피해만 주는 건 아니야

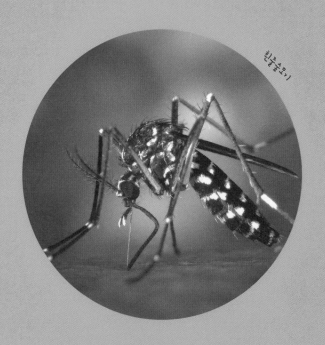

힌줄소모기

모기

○
모기라고 해서 다 해충은 아니야!

모기는 손톱 크기도 채 되지 않을 만큼 아주 작은 곤충이에요. 하지만 몸집이 작다고 해서 결코 연약한 동물은 아니에요. 녀석들은 역사상 인류의 생존을 위협했던 가장 위험한 생물이었거든요. 호랑이나 사자와 같은 맹수가 가장 위험할 것 같지만, 사실 모기로 인해 죽음을 당했던 사람들이 훨씬 많았어요. 특히 한 해 동안 모기에 물려 죽는 사람이 100만 명 가까이나 된다고 해요. 질병을 예방하는 백신이나 치료제가 많이 개발된 현재도 이 정도인데 옛날에는 어땠겠어요? 상상만 해도 끔찍하죠? 이쯤 되면 맹수보다 무서운 동물이라고 불러도 될 거예요.

하지만 모기를 사람들에게 질병을 옮기는 해충으로만 생각해서는 안 돼요. 오히려 모기가 가진 특성을 이용해 우리 생활을 돕는 물질이 개발되기도 하거든요. 해충으로 여겨지던 모기가 과연 어떻게 사람들의 생활을 도울 수 있는지 알아보도록 할까요? 그리고 모기를 통해 생각을 뒤집는 연습을 함께 해봐요.

○
모기는 어디에서 살아갈까?

사람들에게 모기는 매우 성가시고 귀찮은 존재에요. 언제 다녀 갔는지도 모를 만큼 감쪽같이 피를 빨아먹고 도망을 치죠. 녀석들이 머물다 간 피부는 빨갛게 붓고 간지러워져요. 캄캄한 방 안에서 잘 보이지도 않는데 어떻게 혈관을 찾고 피를 빨아먹는지 정말 신기한 녀석들이죠. 게다가 질병까지 가져다 주니 반드시 없애야 하는 해충으로만 여겨지죠.

현재 우리나라에서 살아가는 모기는 50종이 넘는 것으로 알려져 있어요. 아직까지 보고되지 않은 녀석들까지 합치면 훨씬 더 다양한 종류의 모기가 살아가고 있을 거예요. 하지만 이 모든 모기가 피를 빨아먹는 것은 아니에요. 피를 빨아먹는 녀석들은 암컷 모기들이죠. 수컷 모기는 사람 피 대신에 식물의 즙을 빨아먹고 살아가요.

유독 암컷만 동물 피를 빨아먹는 까닭은 알을 낳기 위해 필요한 영양분을 섭취하기 위해서예요. 동물의 혈액 속에는 알이 성숙하는 데 필요한 동물성 단백질과 철분이 많이 들어 있거든요. 알을 낳고 새끼를 길러내는 수많은 방법 중에서 왜 하필 동물 피를 선택해야 했을까요? 그렇지 않았다면 이렇게까지 사람들의 미움

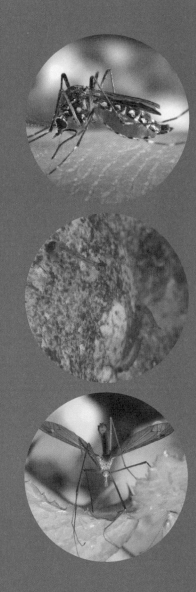

① ② ③

우리도 먹고 살아야지

1 배가 빵빵할 때까지 사람의 피를
빠는 모기. 하지만 안 아프게 침을
놓기 때문에 우리는 물린 줄도 모
르지요. 2 모기 새끼인 장구벌레.
잘 안 보이죠? 탁하고 더러운 물에
살아서 그래요. 3 모든 모기가 피
를 빠는 건 아니에요. 대부분은 이
렇게 식물을 먹고 살지요.

을 받지는 않았을 텐데 말이에요.

○
모기를 없애려면 모기가 필요해

여름이 되면 모기와의 전쟁이 시작돼요. 녀석들은 피를 빨아 먹기 위해 호시탐탐 사람들을 노리고, 사람들은 녀석들을 잡기 위해 안간힘을 쓰죠. 피를 빨아 먹고 나면 모기의 승리로 끝나는 것처럼 보여요. 하지만 배가 불러 벽에 붙어 있다 사람 손바닥에 맞아서 죽으면 결국 인간의 승리로 끝나고 말죠.

사람들은 모기를 없애기 위해 각종 화학성분이 든 살충제를 사용해요. 하지만 우리 몸에 해롭고, 또 그 효과도 높은 편이 아니에요. 그래서 최근에는 인체에 해를 끼치지 않는 효율적인 방법으로 모기를 없애기 위해 노력하고 있어요. 대표적인 방법이 모기를 이용해서 모기를 없애는 거예요. 모기를 쫓는 데 모기를 이용하다니 조금은 이해가 안 되죠? 그 방법은 유전자에 결함이 있는 모기를 통해서 이루어져요.

공장에서 유전적으로 결함이 있는 모기를 길러낸 뒤에 모기가 많은 곳에 풀어 놓아요. 그러면 녀석들이 결함이 없는 다른 모기들과 짝짓기를 해서 알을 낳아요. 그런데 유전적으로 결함이 있는 모기들로부터 태어난 모기들은 보통의 모기보다 훨씬 빨리 죽게 돼요. 이 과정을 거치면 우리 주변에 있는 모기들을 효율적으로 몰아낼 수 있어요. 모기도 생명인데, 조금은 가혹한 방법이라고 생각할 수도 있어요. 하지만 독창적인 모기 쫓는 방법인 것만은 확실한 것 같아요.

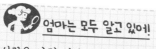

엄마는 모두 알고 있어!

사람을 가장 많이 죽인 위험한 동물 1위는 바로 모기예요. 그럼 두 번째로 사람에게 위험한 동물은 뭘까요? 독을 가지고 있는 뱀일까요? 아니면 전염병을 옮기는 쥐일까요? 바로 사람이래요. 참 슬픈 일이죠?

최첨단 흡혈 기술을 가진 능력자!

그럼 이번에는 모기를 통해 생각을 뒤집는 연습을 해보도록 해요. 모기는 피를 빨아 먹는 데 있어서만큼은 세계 최고의 기술자예요. 언제 빨았는지 느낌도 없을 정도로 모기의 침은 거의 통증을 주지 않죠. 녀석들은 수십만 년에 걸쳐 천적에게 들키지 않고 피를 빨아먹을 수 있는 방법을 찾아왔어요. 그 결과 피부를 관통해도 전혀 통증이 느껴지지 않을 만큼 정교한 침을 가진 생물로 진화를 했어요.

모기의 새로운 장점을 발견한 사람들은 모기의 침을 흉내 내 무통주사기, 그러니까 바늘이 피부를 통과해도 전혀 아프지 않은 주사기를 발명했어요. 수십만 년에 걸쳐 터득한 자연의 지혜를 거의 공짜로 얻은 것이나 마찬가지죠. 무통주사기가 널리 퍼지면 이제 더 이상 주사 맞는 것을 두려워하지 않아도 돼요. 평소 주사 맞는 것을 가장 싫어하던 전 세계 친구들의 두려움을 마침내 모기가 해결해준 것이죠.

이뿐만이 아니에요. 모기를 이용해 각종 범죄를 해결할 수도 있어요. 바로 모기의 몸속에 들어 있는 피를 분석해서 범죄 사건을 수사하는 거죠. 이제까지 그 누구도 모기를 이용해 용의자를 찾아내려고 하지는 않았어요.

하지만 생각을 뒤집으면 하찮아 보이는 모기가 범인을 잡는 형사 역할을 할 수도 있어요. 모기 몸속에는 사건 현장에 있었던 사람들의 피가 들어 있으니까요. 피를 실컷 빨아먹고 배가 부른 모기는 멀리 날아가지 않고 범행 현장 근처의 벽에 붙어 있어요. 이

때 모기 몸속에 들어 있는 피를 분석하면 누가 범행 현장에 있었는지 알아낼 수 있어요. 모기 몸속에 들어 있는 용의자의 피를 찾아서 범죄 사건을 해결하다니 정말 기발한 생각 아닌가요?

모기가 사람들에게 피만 뽑는 해충인 줄 알았는데 오히려 사람들을 도울 수도 있다니 참 재미있죠? 생각을 뒤집으면 풀리지 않는 문제를 해결할 수도 있어요. 여러분도 도무지 해결 방법이 떠오르지 않는 어려운 문제를 풀 때에는 거꾸로 생각해보세요. 좀처럼 해결이 불가능할 것 같았던 어려운 문제들이 의외로 쉽고 빠르게 해결될 수도 있을 거예요.

이렇게 털이 뽀송하지만
아프리카에도 살고 있어

황제펭귄

펭귄

○
펭귄이 남극의 신사라고?

흔히 펭귄을 가리켜 남극의 신사라고 불러요. 남극에서 살아가고 있고, 몸 색깔이 마치 턱시도를 입은 것처럼 보이기 때문이에요. 하지만 '남극의 신사'라는 표현은 잘못된 거예요. 펭귄 중에는 남극이 아닌 아프리카나 갈라파고스와 같이 열대지역에서 살아가는 녀석들도 있거든요.

그럼에도 여전히 많은 사람들은 펭귄을 남극에서만 사는 동물이라고 생각해요. 텔레비전이나 책에서 보는 펭귄의 모습은 언제나 눈과 얼음 밖에 보이지 않는 남극 속에 있었기 때문이에요. 생각을 키우기 위해서는 눈에 보이는 것을 그대로 믿어서는 안 돼요. 과연 '진짜 그럴까?', '정말 사실일까?' 항상 의문을 갖고 세상을 바라봐야 하죠. 그렇지 않으면 열대지역에 사는 펭귄을 보고 나서도 펭귄이 아닌 다른 새라고 생각하게 돼요.

내가 직접 경험해 보지 않은 이상 그것이 진짜일 거라고 무조건 믿어서는 안 돼요. 또 내가 가진 지식이나 생각이 언제나 옳다고 고집을 부려서도 안 돼요. 조금 더 열려 있는 자세를 갖고 세상을 만나보세요. 그러면 지구상 곳곳에서 살아가고 있는 여러 가지 펭귄의 모습이 눈에 들어올 거예요.

○
물속을 날아다니는 새

펭귄은 아주 오래전부터 지구에서 살아왔어요. 가장 오래된 펭귄 화석이 4,000만 년 전에 만들어졌을 정도로 말이에요. 인류가 지구상에 최초로 등장했던 시기가 수백만 년 전이니 아주 오랜 시간 동안 지구에서 살아 온 터줏대감인 셈이죠.

4,000만 년 전에 살았던 펭귄들의 모습은 지금과 매우 달랐어요. 녀석들은 큰 날개를 가지고 하늘을 훨훨 날아다녔어요. 하지만 지금은 작고 볼품없는 날개를 파닥거리며 얼음 위를 뒤뚱뒤뚱 걷는 모습밖에 볼 수 없지요. 녀석들은 더 이상 하늘을 날 수 없어 보여요. 우리가 주로 볼 수 있는 육지 위의 펭귄 모습만 놓고 보면 말이에요. 여러분이 잘 알고 있는 뽀로로도 펭귄이에요. 그래서 뽀로로 또한 비행기로나마 날고 싶어 비행기 조종사 차림을 하고 있는 거래요.

하지만 날 수 있는 장소를 하늘이 아니라 물속으로 바꾸면 상황이 달라져요. 녀석은 땅에서와는 다르게 물속을 빠르게 헤엄쳐 다니는데 그 모습이 마치 하늘을 자유롭게 날아다니는 새처럼 보여요. 날 수 있는 공간을 하늘에서 물속으로 바꿨을 뿐, 녀석들은 그 옛날처럼 여전히 비행 전문가인 거지요.

나는 하늘을 날지 못하지만,
잘 뛰지도 못하지만 멋지게
바다를 가를 수 있어

1 뒤뚱거리며 걷는 훔볼트
펭귄 무리. 2 땅 위에서는 우
스꽝스럽게 걷지만 물속에서
는 물고기 못지않게 멋있게
헤엄쳐요. 3 펭귄의 깃털과
깃털을 확대한 모습. 스펀지
처럼 쉽게 부풀어 오르게 생
겼지요?

이제껏 우리가 봤던 펭귄은 얼음 위를 뒤뚱뒤뚱 걸어 다니는 모습뿐이었어요. 그리고 그 모습이 펭귄의 전부인양 생각했죠. 창의적인 생각을 하려면 겉으로 나타나거나 눈에 보이지 않는 부분까지 보려고 노력해야 해요. 펭귄의 땅 위 모습만이 아니라 물속 생활 모습까지 골고루 보듯이 말이에요.

○
물고기 뺨 치는 물속 생활의 전문가

펭귄은 물속에서 초속 7미터에 이를 만큼 빠른 속도로 헤엄쳐 다닐 수 있어요. 마치 제트기처럼 물속에서 물보라를 일으키며 헤엄치고 다니죠. 펭귄이 이렇게 빨리 물속에서 헤엄칠 수 있는 까닭은 물속의 공기를 윤활제처럼 사용하기 때문이에요.

펭귄은 평소 남극의 추운 기후를 견디기 위해 깃털을 한껏 부풀려서 공기층을 만들어요. 이렇게 만들어진 공기층은 물속에서 헤엄칠 때에도 큰 도움이 돼요. 깃털 속에 들어 있는 공기를 작은 물방울 형태로 내보내면 빠른 추진력을 얻을 수 있거든요.

펭귄은 헤엄을 잘 치는 것뿐만 아니라 잠수에 있어서도 뛰어난 능력을 가지고 있어요. 녀석은 물속에서 5분에서 7분 동안 숨을 쉬지 않고 먹이 사냥을 할 수 있어요. 새로 태어났지만 펭귄은 물고기처럼 물속 생활에 알맞도록 몸이 진화해온 거죠.

우리가 어떤 근육을 계속해서 사용하면 그곳이 점점 발달하게 돼요. 팔을 많이 쓰는 운동선수들의 팔뚝은 근육으로 울퉁불퉁하잖아요. 반대로 제대로 사용하지 않으면 빠르게 둔해지다가 마침내 퇴화되고 말아요. 물속 생활에 적응한 펭귄이 하늘을 날지 못하게 된 것처럼 말이에요.

사람들 생각도 마찬가지에요. 생각에도 근육이 있어요. 생각 또한 하면 할수록 생각 근육이 발달해서 보다 더 새로운 생각이 쉽게 나올 수 있어요.

○
스펀지처럼 특수한 깃털 구조

펭귄은 극한의 온도에서도 살아가는 매우 생존력이 강한 동물이에요. 평균 기온이 영하 55도에 달하는 남극의 바다 속에 들어가서도 멀쩡한 녀석이죠. 아마 사람이라면 몇 분이 채 되지 않아 얼어 죽을지도 모르지만 녀석들은 아무렇지 않은 듯 헤엄치고 다녀요. 그런 혹독한 환경에서 펭귄이 얼지 않고 살아가는 것은 기적 같은 일이에요.

녀석들이 이렇게 추위에 강한 까닭은 무엇일까요? 바로 깃털이 특수한 구조로 되어 있기 때문이에요. 펭귄 깃털에는 아주 미세한 구멍들이 많이 나 있어요. 구멍은 깃털 속에 공기를 가두어서 따뜻한 상태를 유지할 수 있게 해주고, 또한 물이 달라붙는 것을 막는 역할을 해요. 덕분에 펭귄은 매우 추운 곳에서도 깃털이 얼지 않고 버틸 수 있어요.

매년 겨울철이면 눈이 내리고 난 후 길이 얼어붙어서 빙판길이 되곤 해요. 사람들이 미끄러져 넘어지기도 하고, 교통사고가 나서 다치기도 하죠. 이때 얼지 않는 펭귄의 깃털을 연구하면 매우 효율적인 결빙 방지 효과를 낼 수 있는 물질을 만들 수 있을 거예요. 또 두꺼운 옷을 입지 않아도 추운 겨울을 따뜻하게 보낼 수 있는 섬유도 만들 수 있지 않을까요?

엄마는 모두 알고 있어!

펭귄이라는 이름에는 슬픈 이야기가 있어요. 원래 펭귄이란 이름을 가진 새가 따로 있었거든요. 바로 큰바다쇠오리예요. 큰바다쇠오리는 인간들이 욕심껏 마구 잡는 바람에 1844년 멸종당했어요. 훗날 큰바다쇠오리와 비슷하게 생긴 지금의 펭귄을 발견한 사람들이 멸종당한 원래 펭귄을 대신해 '펭귄'이란 이름을 붙여준 거예요.

나? 원조 펭귄!

6

위대한 상상은
아이의 생각에서
시작되었다

"모든 아이는 예술가다. 문제는 어른이 될 때까지 예술가로 존재할 수 있느냐는 것이다." 피카소의 말입니다.

며칠 전 아이와 함께 운동장을 걷다가 날파리떼를 만났습니다. 머리 주변을 윙윙거리며 날아다니는 게 여간 귀찮은 게 아니었죠. 그런데 아이의 눈에는 날파리떼가 신기하게 보였나 봅니다. 아이는 날파리가 자신의 머리 주변을 날아다니는 것을 보고 팬클럽이 생겼다고 하더군요. 자신의 주변을 날아다니는 날파리가 스타 주변에 몰려드는 팬처럼 보였던 것이죠. 그리고 나서는 녀석들에게 재미있는 이름을 붙여주더군요. 어른들에게는 그저 귀찮고 익숙한 벌레인 날파리가 아이에게는 다르게 보였던 것이지요.

아이들의 눈에는 세상에 존재하는 수많은 대상들이 전부 다 신기하고 놀라울 것입니다. 그래서 어른들에게는 식상하리만큼 익숙해진 대상들을 아이들은 아주 색다른 눈으로 보죠. 그런 의미에서 모든 아이들은 예술가라고 할 수 있습니다.

문제는 어린 시절 가지고 있는 창의적 재능을 어떻게 하면 어른이 될 때까지 유지할 수 있느냐 하는 것입니다. 아무리 남다른 시각을 가진 아이라도 또래의 친구들과 좁은 교실에 모여 교육을 받는 동안 예리했던 감각은 무뎌지고 녹슬어 버리곤 합니다. 교실 안에서는 아이가 가진 특별한 개성이 존중받기 어렵지요. 오히려 수업에 방해되는 튀는 행동이나 문제 행동 때문에 잘해야 별난 아이로 취급받는 경우가 많습니다.

그렇다고 해서 학교를 안 다닐 수도 없는 노릇이고요. 문화나 규칙을 배우면서 공동체의 일원으로서 해야 할 역할을 배우게 되는 곳이 학교니까요. 아이의 감각을 어른이 될 때까지 유지하기 위해서는 자연을 탐구하는 방법을 권합니다. 틈나는 대로 자연을 관찰하고 자연과 교감하면서 예리한 감각을 유지하고 단련시켜 나가는 것이죠.

자연은 무궁무진한 창의력을 발휘하는 재료가 됩니다. 다시 말해 자연에서 관찰하고 경험하고 느낀 모든 것들이 바로 창의력의 재료가 될 수 있습니다. 곤충을 주의 깊게 관찰한 사람은 훗날 창작자가 되었을 때 이전에는 누구도 생각해내지 못했던 새로운 형태의 외계인이나 괴물 캐릭터를 만들어낼 수 있습니다. 새를 유심히 관찰한 사람은 과학자가 되어 비행기를 뛰어 넘는 새로운 형태의 드론을 발명할 수도 있지요.

부모님들께 아이들이 자연 속으로 들어가 놀면서 관찰하고 탐구하도록 도와줄 것을 권유하는 까닭입니다. 물론 다른 방법들을 통해서도 보충할 수 있겠지만 아이들이 창의력을 키우는 가장 손쉬운 방법은 자연과 함께 노는 것이니까요. 자연에서 뛰어노는 아이들은 특별한 노력을 하지 않아도 자연스럽게 오감이 훈련되고 세상을 보는 눈이 넓어질 수 있습니다.

사람이 만들어내는 예술작품이나 발명품 등은 대부분 자연을 모티브로 하고 있습니다. 그림, 음악, 노래, 디자인, 전자제품 모두가 마찬가지지요. 자연을 조금만 따라 하기만 해도 창의성을 발휘할 수 있고 또 주변 사람들부터 인정을 받을 수도 있습니다. 아이들에게 자연이 가진 무궁무진한 힘을 소개해주세요. 자연을 통해 얻은 경험을 바탕으로 이 세상 어디서도 보지 못했던 독창적인 세계가 아이들의 머릿속에서 창조될 수도 있으니까요.

흡혈귀가 아니라
의사라고 불러줘

거머리

○
겉모습만 보고 누군가를 평가해서는 안 돼

거머리는 주로 논이나 개울에서 발견되는 생물이에요. 녀석들은 여러 동물들의 피를 빨아먹으며 살아가는 것으로 알려져 있어요. 우리나라에는 15종의 거머리가 살고 있는데, 아마 실제로 본 친구들은 많지 않을 거예요. 예전에는 여름철 작은 개울에서 물놀이를 하다 보면 다리에 붙은 거머리들을 볼 수 있었어요. 하지만 요즘에는 작은 개울들이 오염되어 잘 찾지 않고, 대신 수영장이나 해수욕장을 많이 이용하다 보니 그런 경험을 하는 것은 매우 드문 일이 되었어요.

어떤 친구들은 거머리가 동물의 피를 빨아먹고 살아가기 때문에 징그럽고 혐오스럽다고 생각하기도 해요. 그러면서 두 번 다시 거머리를 쳐다보거나 떠올리기를 싫어하죠. 하지만 누군가를 볼 때 한 가지 부분만 가지고 전체를 판단해서는 안 돼요. 여러분이 관찰해서 알게 된 것은 그 대상이 가진 수많은 특징 가운데 하나에 불과하기 때문이에요.

만일 여러분이 거머리가 혐오스럽다고 생각한다면 겉으로 드러난 모습만 보고 판단했기 때문이에요. 거머리의 다양한 특징을 염두에 두고 살펴보았다면 거머리는 징그럽지도 또 잘생기지도 않은, 그저 생태계에서 묵묵히 자신의 역할을 다하며 살아가는 생물이라는 것을 알 수 있을 거예요.

○
영하 196도에도 살아남는 슈퍼거머리

거머리는 겉으로 보기에 매우 나약한 생물처럼 보여요. 손으로 집어서 휙 던져버리거나 밟아버리면 죽어버리고 마니까요. 하지만 거머리 중에는 영하 196도의 극한의 환경에서도 살아남을 만큼 뛰어난 생명력을 가진 녀석도 있어요. 그 주인공은 슈퍼거머리라고 불리는 민물거북에 기생하는 깃거머리류에요.

녀석은 영하 196도의 액체질소 속에서 24시간 동안이나 생존했다고 해요. 조금만 온도가 낮아져도 춥다고 옷을 껴입는 사람들과 비교하면 참 대단한 생존 능력을 가진 생물이죠? 지구상에는 인간의 기준에서 그 능력을 가늠할 수 없는 여러 가지 생물이 살아가고 있어요. 녀석들이 가진 능력을 발견하고 배우기만 해도 인류의 문명은 더욱 더 발전할 수 있을 거예요.

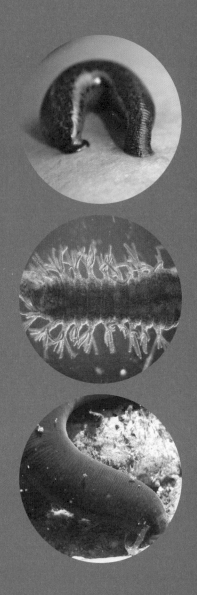

관찰할 때만큼은 거머리처럼
물고 늘어져야 해

1 의료용으로 활용되는 거머리. 조
금 징그러워 보이지만 고여 있는
나쁜 피를 뽑아내주는 좋은 일을
하고 있어요. 2 거북이에게 기생하
는 슈퍼거머리. 영하 90도 안에서
3년이나 살 수 있대요. 우리는 얼
음이 살짝 얼기만 해도 달달 떠는
데 말이에요. 3 개울 속의 거머리.
예전에는 개울가에서 거머리를 많
이 볼 수 있었지만 이제는 환경오
염으로 거머리들도 드물어졌어요.

○
의사로 변신한 거머리

거머리는 물속에 몸을 숨기고 있다가 동물들이 나타나면 침을 꽂아 피를 빨아먹으며 굶주린 배를 채워요. 입에서부터 항문까지 전부 위로 되어 있어서 몸길이에 비해 엄청나게 많은 피를 먹을 수가 있어요. 자기 몸무게의 최대 10배가 넘는 피를 빨아먹는 녀석도 있죠.

거머리의 침 속에는 마취 성분이 들어 있어서 동물들은 피를 빨리면서도 그 사실을 전혀 눈치채지 못해요. 흥미로운 사실은 동물 피부에 찰싹 달라붙어 있다가도 피를 다 먹으면 저절로 떨어져 나간다는 점이에요. 최근에는 이런 모습을 보고 충전이 완료되면 자동으로 콘센트에서 분리되는 거머리 플러그가 개발되기도 했어요.

거머리가 가진 능력은 이게 전부가 아니에요. 녀석이 가진 진짜 대단한 능력은 바로 피가 굳지 않게 하는 능력이에요. 거머리를 연구하는 과학자들은 거머리가 상처를 낸 부위에서 피가 딱딱하게 굳지 않게 하는 '히루딘'이라는 성분이 있다는 것을 알아냈어요. 그리고 '피부를 접합하는 수술에서 거머리를 사용할 수 있지 않을까' 하고 생각을 했어요. 신체의 잘린 부위를 연결하는 수

술에서는 피가 굳으면서 혈관을 막는 경우가 많았어요. 그러면 산소나 영양소가 제대로 공급되지 않아서 빨리 낫지 않거나 심한 경우에는 피부가 썩게 되었죠. 그들은 거머리를 이용하면 이런 문제들을 해결할 수 있을 것으로 생각했어요. 거머리가 딱딱하게 굳은 피를 없애고 막힌 혈관을 뚫어서 환자들이 빨리 나을 수 있을 거라고 말이에요.

예상은 적중했어요. 거머리는 피부이식을 할 때 생기는 여러 가지 문제점들을 해결해 줬거든요. 이제까지 징그럽고 혐오스럽게만 여겨지던 생물이 아픈 사람을 치료하는 의사로 변신한 거예요. 최첨단 의료기기를 사용하는 현대에 거머리가 의사 역할을 한다니 참 재미있죠? 거머리를 이용한 치료제는 아직까지 일부에 불과해요. 앞으로도 거머리를 이용해서 만들 수 있는 신약이나 치료법은 무궁무진하게 많으니 여러분도 한번 도전해보세요.

○
거머리의 피에는 어떤 생물이 들어 있을까?

사람들은 거머리가 동물들의 피를 빨아먹으니 나쁜 생물이라고만 여기는 경우가 많았어요. 하지만 거머리를 연구한 사람들은 오히려 피를 빨아먹는 거머리의 특성을 통해 새로운 방법을 찾아냈어요. 바로 거머리를 통해 한 지역에 어떤 생물들이 살고 있는지 생태조사를 하는 거예요.

물속에 사는 거머리는 물을 마시러 오는 다양한 동물의 피를 빨아먹어요. 게다가 녀석의 몸에는 빨아먹은 동물의 피가 네 달이 넘는 시간 동안 남아 있어요. 만약 거머리 혈액 속에 들어 있는 DNA를 조사하면 그 주변에 어떤 동물들이 왔다 갔는지 알 수 있을 거예요. 일일이 사람들이 사방을 돌아다니면서 생태조사를 한다면 무척 힘들고 오랜 시간이 걸리겠지만 거머리의 혈액 속 DNA를 조사하면 빠르고 편리하게 그 지역의 생태조사를 할 수가 있는 거지요.

거머리가 가지고 있던 특성을 하나도 변화시키지 않고 오로지 생각을 다르게 하는 것만으로 새로운 해결 방법이 나온 거예요. 오랫동안 거머리에 대해 관찰하고 탐구해 녀석의 생태와 습성에 대해서 잘 알고 있었기 때문에 가능한 일이에요. 거머리처럼 사소하게 여겨지는 생물일지라도 관심과 호기심을 갖고 오랫동안 관찰하고 탐구하다 보면 문제를 해결할 수 있는 새로운 방법이나 발명품을 만들어낼 수 있답니다.

엄마는 모두 알고 있어!

혹시 거머린이라고 아세요? 1995년 한국과학 기술원 강계원 박사님의 연구팀이 한국의 거머리에서 약으로 쓰일 수 있는 특수 단백질을 추출했대요. 관절염에 효과가 좋은 이 단백질의 이름이 바로 거머린이에요. 거머리가 무릎 통증으로 고생하시는 할머니 할아버지들께 도움이 된다니, 신기하지요?

초고속열차도
사실 나를 흉내 낸 거야

물총새

○
사람들도 우리를 따라하고 있지

물총새는 매년 여름 우리나라를 찾아오는 여름철새예요. 개체 수가 많은 편이지만 아마 직접 볼 기회는 없었을 거예요. 몸집이 작고 움직임이 재빨라서 좀처럼 사람들 눈에 잘 보이지 않아서예요. 하지만 조금만 관심을 기울이면 냇가나 바닷가 근처에서 잽싸게 날아다니는 물총새의 모습을 볼 수 있을 거예요.

녀석은 주로 맑은 물이 흐르는 냇가나 연못에서 살아가요. 오염된 물은 사냥할 물고기가 잘 보이지 않기 때문에 녀석들이 살아갈 수가 없거든요. 그래서 물총새를 만나기 위해서는 깨끗한 환경이 잘 보존된 곳을 찾아가야 해요.

우리가 이용하는 상당수의 도구나 기술들은 자연을 모방해서 나온 경우가 많아요. 모기로부터 나온 주사기, 땅굴을 파고 사는 두더지를 모방한 굴착기, 흰개미 집을 응용해서 만들어진 에어컨 없이도 시원한 건물 등 우리가 이용하는 다양한 도구나 기술들은 자연 속 생물들로부터 배운 것들이에요. 그저 자연을 잘 관찰하고 탐구했을 뿐인데, 덤으로 아이디어가 생기는 것이죠.

이번에 소개할 물총새도 그런 경우예요. 녀석을 오랫동안 관찰하고 탐구한 사람들은 물총새로부터 많은 영감을 얻어냈어요. 그리고 그런 아이디어는 여러 가지 문제를 해결해주었고요. 그럼 물총새를 통해 자연 속 생물로부터 아이디어를 얻는 방법을 연습해보도록 해요.

○
물총새를 닮은 초고속 열차

물총새를 주의 깊게 살펴보세요. 가장 눈에 띄는 부위가 어디인가요? 초고속열차 맨 앞 칸을 닮은 머리가 제일 먼저 눈에 들어오지 않나요? 둘이 닮은 것은 단순히 우연의 일치가 아니에요. 초고속열차가 물총새의 머리 모양을 흉내 냈거든요.

그럼 왜 초고속열차는 물총새 머리 생김새를 따라한 것일까요? 바로 초고속열차가 고속으로 달릴 때 발생하는 소음 문제를 해결하기 위해서예요. 수많은 생물들 가운데 하필 물총새 머리를 모방한 까닭은 녀석이 사냥하는 모습을 보면 쉽게 알 수 있어요.

물총새는 개울이 훤히 내려다보이는 나뭇가지에 앉아 있다가 물고기가 나타나면 쏜살같이 물속으로 잠수해서 사냥을 해요. 이 때 놀라운 사실은 물에 들어갈 때에 주변으로 물이 거의 튀지 않는다는 거예요. 녀석은 아주 부드럽고 빠르게 물속으로 들어가요. 워낙 매끄럽게 물속으로 들어가기 때문에 물고기들은 녀석이 들

작지만 매섭고 우아한 새

1 물고기를 잡은 물총새. 2 물에서
하늘로 날아오르는 물총새. 이렇게
뾰족한 부리로 물고기를 낚아채지
요. 3 그런 날렵한 모습을 일본의
초고속열차 신칸센이 흉내 냈어요.
어때요, 비슷한가요?

어온 줄도 몰라요. 물총새는 물고기들이 방심하고 있는 그 순간 잽싸게 먹이를 낚아채서 하늘로 날아올라요.

○
소리 없이 강한 물총새 부리

물총새가 물에 들어가는 순간 물결이 거의 발생하지 않는 까닭은 무엇일까요? 녀석이 가진 날렵하게 생긴 머리와 길쭉한 부리가 다이빙할 때 발생하는 물결의 파동을 최소화하기 때문이에요. 녀석은 수십 만 년이라는 시간 동안 물에 들어갈 때 물결이 일지 않도록 머리와 부리를 발달시켜 왔어요. 그 결과 물결의 파동을 최대한 줄여서 물에 들어가는 방법을 찾아낸 것이에요.

일본에서 처음 개발된 초고속열차 신칸센은 시속 300킬로미터가 넘는 빠른 속도를 낼 수 있었어요. 하지만 소음이 너무 심하게 발생했지요. 속도가 워낙 빠르다 보니 바람의 저항이 엄청났던 거예요. 특히 터널 근처에 사는 마을에는 더욱 더 소음이 심하게 생겼어요. 터널 안에서 갑자기 공기의 압력이 높아져 커다란 소음과 진동을 발생시켰죠. 이 문제를 해결하기 위해 수많은 방법을 찾았지만 헛수고였어요.

결국 소음 문제를 해결한 것은 물총새였어요. 물총새의 머리 모양을 따라서 초고속열차 맨 앞 칸을 만들자 소음이 크게 줄어들었거든요. 만약 물총새가 없었다면, 그리고 물총새에 대한 탐구가 부족했다면 여전히 소음 문제를 해결하기 위해 연구가 진행되고 있을지도 몰라요. 자연에 대한 폭넓은 이해는 사람들이 가진 고민을 가장 빠르고 쉽게 해결할 수 있어요.

엄마는 모두 알고 있어!

물총새를 옛날에는 어구, 어호, 타어랑으로 불렀어요. 물고기 잡는 개, 물고기 잡는 호랑이, 물고기를 공격하는 아이라는 뜻이에요. 물총새를 영어권에서는 킹피셔, king fisher라고 불러요. 마찬가지로 물고기를 잘 잡는다는 뜻이에요.

젖지 않는 물총새 깃털

이제까지 물총새가 물에 들어가는 모습에 대해 주로 이야기를 했어요. 이번에는 사냥을 마치고 나온 물총새의 모습을 자세히 관찰해 보도록 해요.

녀석은 잡은 물고기를 돌이나 나무에 때려서 기절시킨 후 삼켜요. 워낙 몸집이 작아서 한 번에 삼키지 못하고 여러 번 삼키려고 시도한 끝에야 비로소 성공을 해요. 여기까지가 물총새가 물고기를 사냥해서 먹는 방법이에요.

하지만 관찰력이 좋은 친구라면 새로운 사실을 발견했을 거예요. 녀석은 물속에 들어갔다가 나와도 거의 깃이 젖지 않아요. 사람들은 물속에 들어갔다 나오면 온몸이 물에 젖고 말아요. 하지만 물총새는 물속에 들어갔다 나와도 깃이 거의 마른 상태를 유지해요. 녀석의 깃털에는 어떤 비밀이 숨어 있는 것일까요?

물총새가 항상 마른 깃털을 유지할 수 있는 까닭은 꽁지 부위에 있는 기름샘 덕분이에요. 녀석은 평상시에 기름샘에서 나오는 기름을 부리에 묻혀 온몸에 구석구석 발라요. 그러면 방수복을 입은 것처럼 물속에 들어갔다가 나와도 깃이 거의 젖지 않아요. 사이가 안 좋은 사람들을 가리켜 '물과 기름 사이'라고 하는 것처럼 기름과 물은 잘 섞이지 못하거든요. 물총새가 그 원리를 이용한 거지요.

날개를 마른 상태로 유지하는 것은 물총새에게 매우 중요한 일이에요. 아무리 물속에서 물고기를 많이 잡더라도 깃털이 젖어 있으면 잡은 물고기를 가지고 날아오르기가 힘들 거예요. 여러분도 옷이 물에 젖어 있으면 움직이기가 쉽지 않잖아요. 하지만 녀석은 기름샘 덕분에 물속에 잠수하고 나서도 계속해서 몸을 마른 상태로 유지할 수 있어요.

만약 우리 몸에도 물총새처럼 항상 마른 상태를 유지할 수 있는 기름을 바를 수 있다고 생각해 보세요. 허무맹랑한 이야기처럼 들릴 수도 있지만 물총새 꽁지에 있는 기름샘을 연구하면 뛰어난 성능을 가진 방수복을 개발할 수 있을 거예요. 그럼 더 이상 비가 와도 우산을 쓰지 않아도 되고, 비 오는 날에도 마음껏 뛰어놀 수 있을 거예요.

아무리 작고 하찮아 보이는 동물이라도 자신만의 무기 하나쯤은 가지고 있어요. 치열한 생존 경쟁에서 살아남기 위해 부리와 기름샘을 발달시킨 물총새처럼 말이에요. 여러분도 남과 다른 나만의 특별한 재능이 무엇인지 한번 찾아보세요. 그리고 그 재능을 열심히 갈고 닦아보세요. 아무도 따라할 수 없는 나만의 특기가 될 거예요.

사람을 해치는 독도
때로는 약이 될 수 있어

뱀

○
뱀은 어딘가 무서워 보여

뱀은 사람들이 가장 무서워 하는 동물 가운데 하나예요. 혀를 날름거리며 몸을 좌우로 움직이면서 이동하는 모습은 보기만 해도 소름이 돋죠. 최근에는 뱀을 애완동물로 기르는 사람들이 많아지고 있지만 뱀은 여전히 우리에게 공포의 대상이에요.

사람들이 이렇게 뱀을 무서워하는 까닭은 무엇일까요? 뱀을 한 번도 본 적이 없는 갓난아이도 뱀을 무서워할까요? 독을 가지고 있으니까 무서운 것이 당연한데 굳이 왜 물어보냐고요? 때로는 당연해 보이는 상식에서 벗어난 질문을 하는 것이 창의력을 키우는 데 도움이 되기 때문이에요.

뱀은 먼 옛날 우리 조상님들이 상대하기에 버거운 천적이었어요. 독을 가진 뱀이 아주 조금만 물어도 목숨이 왔다 갔다 할 만큼 위협적이었죠. 그래서 옛날 조상님들은 먼 거리에서도 뱀을 알아보고 경계해야만 살아남을 수 있었어요. 그것이 이어져 인간은 태어나 처음으로 뱀을 보더라도 바로 위험한 놈이라는 것을 알아차릴 수 있도록 공포증이 유전자 속에 새겨진 상태로 진화해 왔어요. 그래서 뱀을 처음 본 갓난아기라도 본능적으로 위험한 생물이라는 것을 알아차릴 수 있는 거예요.

○
독이 어떻게 약이 될까?

독은 건강이나 생명에 해가 되는 위험한 성분이에요. 그래서 오랫동안 피해야 할 나쁜 물질로 여겨왔어요. 하지만 독이라고 해서 항상 생명을 앗아가는 것은 아니에요. 잘못 사용하면 위험을 초래하지만 제대로 사용하면 오히려 편리함을 가져다주는 칼과 같은 도구처럼 뱀이 가진 독도 어떻게 사용하느냐에 따라 독이 되기도 하고 약이 되기도 해요.

그러니까 생각을 조금만 달리하면 독이 생명을 살리는 데에도 쓰일 수 있다는 것을 알 수 있어요. 지금처럼 의료기술이 발달하기 전인 옛날 우리 조상들은 뱀독을 이용해 관절염이나 중풍을 치료했어요. 뱀이라면 오금이 저릴 만큼 무서워했던 사람들이 어떻게 뱀독을 치료제로 활용할 생각을 했을까요? 바로 오랜 경험을 통해 뱀독의 효과에 대해서 잘 알고 있었기 때문이에요. 자연에 대한 폭넓은 관찰과 이해 덕분에 독을 약으로도 사용할 수 있다고 생각한 거죠.

오늘날에는 높은 기술력을 바탕으로 뱀독 성분을 이용한 다양한 치료제가 개발되고 있어요. 각종 암과 알츠하이머병, 뇌졸중 등 좀처럼 완치가 되지 않았던 질병들의 치료제가 뱀독을 이용해

밤에 휘파람을 불면 나하고 친구
하자는 뜻으로 받아들일 거야

1 블루 코랄 뱀. 무시무시한 독을 가
지고 있어요. 2 우리나라에도 무서운
독을 가진 뱀이 있어요. 대표적으로
살무사를 들 수 있죠. 3 끝이 갈라진
뱀의 혀. 우리는 뱀이 혀를 날름거리
는 모습만 봐도 까닭 모를 공포를 느
끼죠. 그건 우리 조상 때부터 내려오
는 본능 때문이에요.

서 만들어지고 있어요. 혈액 속에 조금만 들어가도 죽고 마는 뱀 독을 치료제로 개발하고 있다니 정말 놀라운 일이에요.

○
때로는 바보 같은 생각도 필요해

뱀은 독이라는 강력한 무기로 살아가는 생물이에요. 세계에서 가장 치명적인 독을 가진 뱀은 동남아시아 지역에 사는 '긴 샘 블루 코랄 뱀'이에요. 녀석의 독은 굉장히 위험해서 녀석에게 물린 사람은 5분이 채 되지 않아 죽고 말 정도라고 하네요.

사람들은 무서운 독을 가진 뱀을 매우 무서워하지만, 뱀은 오히려 사람들을 더 무서워해요. 현재 긴 샘 블루 코랄 뱀을 비롯한 많은 종의 뱀들은 급격하게 수가 줄고 있는 상황이에요. 사람들이 무분별하게 잡는 데다가 녀석들이 사는 곳까지 마구 파괴하고 있기 때문이에요.

뱀은 분명 독을 가진 위험한 생물이지만, 독을 빼면 연약한 생물에 불과해요. 새처럼 하늘로 날아오를 수도 없고 말처럼 빨리 뛰어서 도망갈 수도 없어요. 사냥을 하다가도 상대를 빨리 제압하지 않으면 오히려 자신의 목숨이 위태로워질 수 있지요.

녀석들은 이런 위험한 상황에서 벗어나기 위해 최대한 빠르게 독이 퍼지는 방향으로 진화해왔어요. 우리나라에는 칠점사(까치살무사)라고 불리는 뱀이 있는데, 녀석에게 한번 물리면 일곱 걸음을 채 가지 못하고 죽는다고 해서 '칠점사'라고 불러요. 어딘가 미심쩍은 설명이기는 하지만 그만큼 뱀이 가진 독이 온몸으로 빠르게 퍼진다는 것을 확실히 알게 해주는 표현이 아닐까 해요.

과학자들은 이러한 뱀독의 성질을 이용해 마취확산제를 개발했어요. 수술을 하기 위해서는 마취를 해야 하는데, 이때 마취약이 온 몸에 빠르게 퍼져야 해요. 그래야 환자의 고통을 덜어주고 빨리 수술을 진행할 수 있거든요. 빠르게 퍼지는 뱀독의 성질을 응용한 약이 사람들을 치료할 때 사용되는 거죠.

오랫동안 뱀독으로 누군가를 치료할 수 있다는 생각을 가진 사람들은 많지 않았어요. 만약 그런 생각을 하는 사람이 여러분 주변에 있었다면 이상한 사람이라고 무시했을지도 몰라요. 하지만 뱀독을 약으로 사용할 수 있다는 엉뚱한 생각을 가진 사람들 덕분에 각종 질병들의 치료제가 개발될 수 있었어요.

때로는 엉뚱한 생각을 할 필요가 있어요. 남들이 바보 같은 생각이라고 비웃더라도 말이에요. 뱀독도 그래서 약이 된 거잖아요.

우물 안 개구리?
난 과감하게 물에서 뛰쳐나왔다고!

청개구리

개구리

○
생태계를 이어주는 중요한 친구

'우물 안 개구리'라는 속담을 들어본 적이 있나요? 보통 세상 물정을 모르고 자신이 잘났다고 생각하는 사람들을 가리킬 때 쓰이는 말이죠. 이 속담처럼 많은 사람들은 개구리가 자신만의 좁은 세계에 갇혀서 산다고 생각해요. 하지만 그것은 개구리 생태의 일부만 보고 하는 말이에요. 녀석은 뭍에서도 살 수 있고, 또 물속에서도 살 수 있어요. 개구리야말로 좁은 세계에 갇혀 있는 것이 아니라 끊임없이 물과 육지 두 곳을 왔다 갔다 하며 살 수 있는 특별한 능력을 가진 생물인 거지요.

창의력을 발휘하기 위해서는 한곳에 갇혀 있어서는 안돼요. 개구리처럼 한 영역과 다른 영역을 왔다 갔다 할 수 있어야 해요. 서로 다른 종류의 것들이 만나고 합쳐지면 이전에는 볼 수 없었던 기발한 생각이 탄생할 수 있거든요.

개구리는 생태계에서 굉장히 중요한 역할을 하고 있는 든든한 생물이에요. 녀석들은 곤충이나 지렁이와 같은 작은 생물을 잡아먹으면서 또 뱀이나 새, 족제비 등에게 잡아먹혀요. 만약 개구리가 없어진다면 생태계가 유지되지 못할 거예요.

지금이야 개구리가 물과 육지 양쪽에서 살아갈 수 있지만, 4억 년 전 맨 처음 지구상에 나타났던 개구리들은 지금과는 다르게 물고기처럼 물속에서만 살았어요. 하지만 녀석들 가운데 일부가 육지 쪽으로 이동해서 지금과 같은 모습으로 진화해왔어요. 자연 속 생물들은 변화된 환경에 적응하며 끊임없이 진화하고 있어요. 변화에 적응하지 못한 녀석들은 멸종의 길로 들어서고 말지요.

사람들도 마찬가지예요. 현재 생활에 만족하면서 새로운 시도와 도전을 하지 않으면 빠르게 변화하는 환경에 적응하기 어려워요. 여러분도 평범한 일상에서 벗어나 과감한 시도와 도전을 해보세요. 물속에만 살던 개구리들이 어느 날 과감하게 낯선 육지로 나아갔듯이 말이에요.

○
하지만 나는 뱀을 이기기도 해

대부분의 개구리는 뱀을 만나면 도망가기 바빠요. 그래서 녀석들은 뱀에게서 멀리 벗어나기 위해 뛰어난 점프 능력을 갖춘 경우가 많아요. 강한 뒷다리 근육을 이용해 최대한 멀리 뛰어오르면 그만큼 뱀에게서 도망칠 수 있는 확률이 높아지기 때문이에요.

하지만 개구리 중에는 점프 실력이 형편없는 녀석들도 있어요. 바로 무당개구리처럼 말이에요. 녀석은 무서운 뱀을 만나도 도망

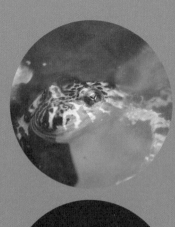

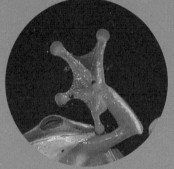

개구리는 개굴개굴 울어 개구리야

1 알록달록한 무당개구리. 모습만으로도 '나 독이 있는 위험한 녀석이야'라고 경고하는 것 같죠? 2, 3 개구리들의 다양한 발. 서로 비슷하게 생겼지만 물갈퀴가 어떤 개구리는 있고 어떤 개구리는 없죠. 발을 봐도 녀석들이 어디서 주로 사는지 추측할 수 있어요

칠 생각을 별로 안 해요. 오히려 한참 경계를 하다 결국에는 뱀이 먼저 자리를 피하는 경우가 많아요.

뱀은 결코 무당개구리가 무섭다거나 두려워서 피하는 것이 아니에요. 무당개구리 몸에서 나오는 독 때문에 녀석을 잡아먹으려 하지 않는 것이죠. 무당개구리는 천적을 만나면 몸을 발라당 뒤집어서 독을 분비하는데, 무당개구리를 먹어본 뱀이라면 쓰디 쓴 독 때문에 두 번 다시 녀석을 잡아먹으려 하지 않아요.

이제껏 여러분들은 뱀이 가장 좋아하는 먹이는 개구리라고 생각했을 거예요. 하지만 개구리 중에는 무당개구리처럼 뱀이 싫어하는 녀석들도 있어요. 반대로 뱀을 잡아먹는 녀석들도 있고요. 이처럼 우리가 당연하다고 알고 있는 상식은 자연 속에서 언제든지 깨질 수 있답니다.

○
작은 개구리가 인류의 역사를 바꿨지

사람들이 만들어낸 수많은 도구들은 전지의 힘으로 작동하는 것들이 많아요. 스마트폰, 게임기, 노트북 등 우리가 사용하는 많은 제품 중 30% 가량이 전지에 의존하고 있지요. 그런데 전지가 발명되는 데 큰 역할을 한 것이 바로 개구리라는 것을 알고 있나요?

전지를 맨 처음 발명한 사람은 이탈리아의 물리학자 볼타 박사님이에요. 그는 자신의 친구였던 갈바니 박사의 개구리 해부실험에서 전지에 대한 아이디어를 얻었어요. 바로 서로 다른 두 종류의 금속을 개구리 근육에 대니 근육이 움직였다는 거예요. 이 사실이 매우 중요한 까닭은 개구리 다리가 움직이는 것은 전기가 발생했음을 뜻하기 때문이에요.

볼타 박사는 실험을 통해 서로 다른 두 가지 금속을 전해질 용액에 담그면 전기가 발생된다는 사실을 발견했어요. 오늘날 우리가 사용하는 수많은 전지는 모두 볼타 박사가 발견했던 전지의 원리를 적용하고 있어요. 만약 개구리가 없었다면 전지는 발명되지 못했을지도 몰라요. 그럼 여러분이 즐겨 하는 스마트폰이나 컴퓨터도 편리하게 사용할 수 없었을 거예요. 한 마리의 작은 개구리가 인류 문명을 발전시키고 사람들의 생활을 획기적으로 변화시키는 데 커다란 공헌을 한 것이죠.

○
청개구리 발은 끈끈해

개구리는 물속에서 살아가는 녀석들도 있지만, 청개구리와 같이 물보다는 나뭇잎이나 줄기 위에서 살아가는 녀석들도 있어요.

흔히 부모 말을 안 듣는 아이를 보고 청개구리 같다고 하는데요. 아마도 물에서 주로 사는 논개구리와 달리 청개구리는 물과 멀리 떨어진 나뭇잎에서 살기 때문에 그렇게 불렀을 거예요.

무당개구리, 산개구리, 논개구리 등 대부분의 개구리 무리는 다소 징그럽게 여겨져요. 하지만 청개구리는 깨끗하고 맑은 이미지를 가지고 있어요. 몸 색깔이 짙은 녹색을 띠고 있는 데다가 몸집이 다른 개구리에 비해 작기 때문이에요.

청개구리는 물이 아닌 나무 위 생활에 적응해 물갈퀴가 퇴화되어 없어요. 대신 나뭇잎에 잘 달라붙을 수 있는 형태로 발바닥이 진화했어요. 녀석은 발가락 끝에 둥글게 생긴 빨판이 있어서 벽이나 나뭇잎에 쉽게 달라붙을 수 있어요. 게다가 풀처럼 끈끈한 점액질이 나와서 잘 떨어지지도 않아요. 또 분비된 점액질은 먼지나 흙 등이 달라붙지 않게 해서 발바닥이 항상 깨끗한 상태로 있게 해주지요.

이러한 원리를 이용하면 잘 달라붙는 신발이나 유리벽을 타고 오를 수 있는 신발을 만들 수 있을 거예요. 그러면 길을 걷다가 넘어지거나 미끄러져서 다치지도 않을 거예요. 또한 운동장에서 마음껏 뛰어 놀아도 신발이 항상 깨끗한 상태를 유지하기 때문에 부모님으로부터 꾸중 받을 일도 없을 테고요.

엄마는 모두 알고 있어!

개구리와 두꺼비는 비슷하게 생겨 구분이 잘
안 되죠? 두꺼비는 개구리처럼 뒷다리가 길지
않고 대신 굵대요. 그리고 발가락에 동그란
빨판 같은 것도 없고요. 울음소리도 꺼억꺼억!
하는 게 개구리보다 거칠죠.
생긴 것도 울퉁불퉁하지만 우리네 조상님들은
두꺼비를 길한 동물로 여기고 좋아했대요. 어른
들께 '떡두꺼비 같다'는 이야기를 들은 친구들
도 있을 텐데요. 칭찬으로 하신 말씀이랍니다.

새집 안 줄 거니까
헌집 준다고 하지 말아줘.

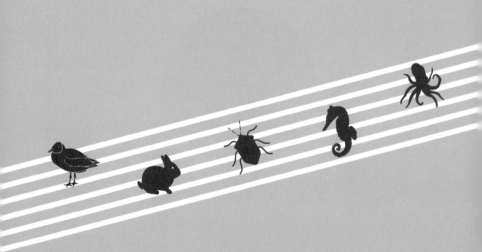

7

자연에서
아이들의 생각이
자란다

우리는 살아가면서 수많은 문제 상황에 부딪힙니다. 지금까지 대부분은 자신이 해왔던 방식대로 문제를 처리할 수 있었습니다. 하지만 사회가 급격하게 변화하면서 더 이상 과거의 사례를 참고하는 방식으로는 해결할 수 없는 문제들이 많아지고 있습니다. 우리 아이들이 어른이 되었을 때에는 이전과는 전혀 다른 방식의 접근이 필요한 새로운 문제들과 맞닥뜨릴지도 모르겠습니다. 따라서 아이들은 이미 알고 있는 정답을 적용하는 것이 아니라 이제껏 아무도 생각해내지 못한 새로운 해결 방법을 찾아내야 하는 연습을 지금부터 해나가야 합니다.

근래 창의력을 강조하는 목소리가 높아진 까닭 또한 바로 여기에 있습니다. 그러나 아이들이 책상 앞에 가만히 앉아서 생각만 열심히 한다고 해서 창의성이 길러지지는 않을 것입니다. 반복해서 강조하지만 창의적인 영감을 얻기 위한 가장 효과적인 방법은 자연 속 대상들을 잘 들여다보는 것입니다. 자연은 수십만 년에 걸쳐 다양한 생물들이 터득한 지혜가 숨 쉬는, 살아 있는 교과서이기 때문입니다. 그래서 자연은 풀리지 않는 문제를 해결해주는 창의력 보물단지와 같습니다. 수많은 창의적인 영감이 자연으로부터 나왔고, 또 나오고 있습니다.

마찬가지로 우리 어른들이 미래를 대비하기 위해 해야 할 일은 아이들에게 미래의 컴퓨터 프로그래밍 기술을 가르쳐주는 것이 아니라 자연 속 대상들을 관찰하고 탐구하면서 창의력을 훈련하는 방법을 알려주는 것입니다. 아무리 품질이 좋은 보석이라도 다듬고 연마하지 않으면 하찮은 돌에 불과합니다. 창의적인 아이디어와 새로운 문제해결 방법을 찾는 능력 없이 첨단기술만 가르쳐준다면, 생각하지 않는 사람들로 채워진 미래가 올지도 모릅니다.

아이들이 창의력을 발휘하기 위해서는 세상을 보는 낯선 시선이 필요합니다. 이전에는 감지하지 못했던 새로운 대상을 만나야만 아이들의 생각도 풍성해질 수 있습니다. 낯선 자극은 우리를 긴장하게 하고, 그 긴장감은 새로운 질문과 생각을 이끌어내기 때문입니다. 세상을 낯설게 보는 눈을 가진 사람은 길가에 널브러져 있는 돌멩이 하나를 보더라도 단순한 돌멩이로 여기지 않습니다. 돌멩이를 통해서 자연환경의 특성을 알아내거나, 지구의 역사를 찾아내기도 하죠.

또한 감각의 날이 바짝 선 사람은 세상을 이해하고 받아들이는 크기가 그렇지 않은 사람보다 훨씬 크고 두텁습니다. 하지만 안타깝게도 모든 사람들의 감각이 항상 깨어 있는 것은 아닙니다. 우리 대부분은 두눈을 멀쩡히 뜨고도 보지 못하는 것이 많고, 또 귀가 있어도 듣지 못합니다. 창의력을 발휘하려면 감각을 최대한 예민한 상태로 유지해야 합니다. 그리고 아이들이 가진 감각의 날을 예리하게 단련시키는 방법 또한 자연에서 찾을 수 있습니다.

평소 아이들에게 자연 속 대상들을 통해서 낯설게 보는 연습을 권해보세요. 익숙한 사물이나 현상 속에 숨은 여러 가지 사실을 찾다 보면 세상을 보는 아이들의 시선 또한 더욱 넓어지고 새로워질 것입니다. 물론 그런 훈련을 하기 위해서는 한 가지 전제가 필요합니다. 우선 아이들이 여러 가지 생물들의 다양한 특성과 생태를 많이 알고 있어야 한다는 것이겠지요.

내가 바로 냇가에
구불구불 통로를 만드는 건축가야

————————————————————

————————————

가재

물놀이보다 즐거운 가재 관찰

여름철이 되면 시원한 물이 흐르는 계곡으로 여행을 떠나는 경우가 많아요. 아마 그중에는 물놀이를 하는 것보다 돌을 들추고 가재를 잡는 것을 더 좋아하는 친구들이 있을 거예요. 신기한 생김새와 독특한 습성을 관찰하는 것은 물놀이보다 훨씬 더 큰 즐거움을 주거든요.

하지만 녀석들을 발견하는 것은 결코 쉽지 않아요. 사람들이 굽이쳐 흐르던 물길을 직선으로 만들고 물속 모래나 자갈을 파내버려서 녀석들의 보금자리가 사라져 버렸기 때문이에요. 이제는 자연환경이 잘 보존된 곳에서만 가재를 관찰할 수 있어요.

녀석들은 물속에 사는 작은 곤충이나 물고기를 사냥하며 치열하게 살아가고 있죠. 이제 가재를 관찰하고 탐구하면서 우리가 몰랐던 모습을 찾아볼까요?

자연의 기술자가 뚝딱뚝딱 만든 지하세계

가재는 주로 돌 밑이나 모래 속에 숨어 있어요. 돌을 들추고 보면 가재는 굼뜨게 움직여요. 가재는 야행성 동물이어서 낮에는 휴식을 취하거나 잠을 자요. 녀석들 입장에서는 잘 자다가 깬 것이니 얼떨떨할 수밖에 없었을 거예요.

우리 눈높이에서 보면 가재가 단순히 돌 밑에 숨어 있다고 여길 거예요. 한 번도 물속에서 녀석들을 지켜 본 적도 없죠. 하지만 가재 눈높이에서 물속 세계를 바라보면 그동안 몰랐던 새로운 모습을 볼 수 있어요. 가재가 돌과 자갈, 모래 사이에 만든 정교한 지하세계를 말이에요.

가재는 돌과 돌 사이를 터널로 연결해 지하세계를 만들어요. 금방이라도 통로가 무너질 것 같지만 웬만한 물살에는 끄떡없을 정도로 튼튼하게 만들죠. 녀석이 이렇게 지하세계를 만든 까닭은 천적의 위협에서 벗어나 안전하게 이동하기 위해서예요. 어항에 모래나 자갈을 깔고 가재를 키우면 녀석이 만든 지하세계를 관찰할 수 있을 거예요.

사물이나 현상의 새로운 모습을 발견하기 위해서는 항상 봐왔던 시선이 아닌 새로운 눈높이로 바라볼 필요가 있어요. 그럼 이제껏 모르고 있었던 새로운 모습을 발견할 수 있을 거예요. 이번에도 가재가 냇가의 건축가라는 것을 알았잖아요.

①
②
③

내가 빨간색인 줄로만 알았지?

1 가재의 앞을 볼까요? 집게다리를 보니 꼭 게 같지요? 2 이번에는 가재의 위를 볼게요. 마디가 있는 딱딱한 등은 꼭 새우 같지요? 3 평소에는 까맣지만 열을 받으면 우리에게 익숙한 붉은색으로 변해요. 혹시 여러분은 가재가 원래 빨간색인 줄만 알았나요?

○
너희들, 내가 빨간 줄만 알았지?

가재는 독특한 생김새를 가진 생물이에요. 얼핏 보면 새우를 닮은 것 같기도 하고 또 게의 친척 같기도 해요. 가재를 주의 깊게 관찰해 본 친구라면 두 개의 커다란 집게다리를 볼 수 있었을 거예요. 하지만 그중에는 집게다리가 없는 녀석도 있었을 거예요. 맨 처음부터 없었던 것은 아니에요. 가재를 잡아먹으려는 다른 생물의 공격을 받아서 없어져 버린 것이죠.

하지만 너무 걱정할 필요는 없어요. 없어진 집게다리는 곧 재생되어 다시 생겨나거든요. 손상된 집게다리가 다시 재생되기까지 얼마나 많은 시간이 걸리는지 알아보세요. 또 재생된 다리와 다른 쪽 다리와의 크기를 비교해 보세요. 사소한 것 같아 보이는 이러한 호기심이 여러분의 관찰력을 향상시켜 줄 거예요.

이번에는 몸 색깔을 살펴볼까요? 녀석들은 대부분 갈색을 띠고 있어요. 하지만 열을 가하면 붉은색으로 변해요. 가재뿐만 아니라 새우나 게와 같은 갑각류 대부분이 마찬가지에요. 왜 몸 색깔이 변하는 걸까요? 바로 녀석들 몸속에 아스타산틴이라는 색소가 들어 있기 때문이에요. 이 성분은 평소에는 푸른색이나 갈색을 띠지만 열을 받으면 단백질과 분리되면서 원래 색깔인 붉은색으로 변해요. 녀석의 몸색깔이 변하는 원리를 활용하면 일상생활에 도움을 주는 여러 가지 생활도구를 만들 수 있어요. 물이 펄펄 끓으면 빨간색으로 바뀌는 주전자나 냄비를 만들 수도 있고, 사람의 체온에 따라 색깔이 변하는 옷도 만들 수 있지요.

○
가재도 고통을 느낄까?

우리는 몸이 다치거나 아플 때 고통을 느껴요. 사람뿐만 아니라 개나 고양이도 고통을 느끼는 모습을 볼 수 있어요. 아파서 울거나 소리를 지르는 모습을 통해서 고통의 깊이가 고스란히 전해지죠. 최근 연구 결과에 따르면 개나 고양이와 같은 포유류 이외에도 조류, 파충류 등 척추동물은 모두 고통을 느끼는 것으로 밝혀졌어요.

하지만 가재나 새우, 게와 같은 절지동물은 어떨까요? 녀석들도 사람처럼 고통을 느낄까요? 실제로 녀석들의 몸이 되어 보지 않는 한 고통을 느끼는지 확실히 알 수는 없어요. 개나 고양이와 달리 표정을 읽을 수도 없고 울음소리도 듣지 못하기 때문이에요. 하지만 고통의 정도를 눈과 귀로만 판단할 수는 없겠죠? 너무 큰 고통은 눈물도 울음도 안 나오는 법이니까요.

그럼 어떻게 가재가 느끼는 고통의 정도를 알아낼 수 있을까요? 이를 알아내기 위해서는 체계적인 실험을 해야 해요. 고통이 되는 자극을 하나하나 통제해 녀석들의 움직임을 살펴보는 것이죠. 만약 녀석들이 고통을 느낀다면, 또 이를 학습하는 능력을 가지고 있다면 고통을 주는 자극을 피해서 다닐 테니까요.

실제로 가재나 게, 새우와 같은 절지동물도 고통을 느낀다는 연구 결과가 나오고 있어요. 작고 단순해 보이는 녀석들이라 아무런 감각도 느끼지 못할 줄 알았는데 고통을 느끼고 학습까지 한다니 정말 놀랍지 않나요? 이제부턴 계곡에서 가재를 잡더라도 장난삼아 괴롭히거나 함부로 다뤄서는 안 되겠죠?

○
세상에 단 하나의 정답만 있는 건 아니야

보통 물속에 사는 동물들은 눈이 달린 머리 쪽을 향해서 헤엄을 쳐요. 물고기, 거북이, 개구리 등 우리가 알고 있는 동물은 모두 다 그렇죠. 하지만 가재는 녀석들과는 정반대 방향으로 헤엄을 쳐요. 머리 쪽이 아니라 꼬리 쪽으로 헤엄을 치죠. 마치 꼬리에 눈이 달려 있는 것처럼 뒤쪽으로 빠르게 물속을 헤엄쳐 다닐 수 있어요. 우리가 일반적으로 생각하는 앞과 뒤라는 기준이 가재에게는 정반대예요.

산이나 약수터에 가면 앞으로 걷지 않고 뒤로 걷는 사람들을 볼 수 있을 거예요. 이상한 사람으로 여길 수도 있지만 평소에 사용하지 않는 근육을 움직여 더욱 건강한 몸 상태를 유지하려고 그렇게 뒤로 걷는 거예요. 생각도 마찬가지에요. 이제껏 전혀 생각해 보지 않았던 정반대 방향으로도 상상을 하면 생각하는 힘이 커질 수 있어요. 때로는 말도 안 되는 것처럼 보이는 상상이 우리를 괴롭혔던 문제를 해결하는 데 큰 도움을 주기도 하잖아요.

딱딱한 나무로 알고 있지만
사실 나는 풀이야

대나무

○
대나무가 풀이라고요?

예로부터 우리 조상들은 대나무를 사랑해왔어요. 하늘 높이 곧게 자라는 모습이 선비의 올곧은 절개와 닮았기 때문이에요. 게다가 속이 텅 비어 있어서 욕심 부리지 않는 삶도 가르쳐 주었어요. 대나무는 약하고 잘 부러질 것 같지만 생명력이 무척 강한 식물이에요. 심지어 원자폭탄이 떨어져도 살아남았다고 할 만큼 뛰어난 생존 능력을 가지고 있어요.

대나무는 참 독특한 식물이에요. 나무라는 이름이 붙긴 했지만 오히려 풀에 가깝죠. 흔히 생각하는 풀과는 전혀 딴판이어서 정말 풀이 맞나 싶어요. 우리가 생각하는 풀이란 무르고 부드러운 섬유질인데 대나무는 강하고 딱딱한 성질을 가지고 있거든요. 하지만 풀이라고 해서 항상 연하고 부드럽지는 않아요. 풀 중에는 딱딱한 성질을 가진 녀석들도 있어요.

주변에서 쉽게 볼 수 있는 풀이 대부분 연하고 부드럽다고 해서 모든 풀이 그러할 것이라고 미리 판단해서는 안 돼요. 제대로 알아보지 않고 섣불리 판단하는 것은 생각의 문을 걸어 잠그는 것과 같아요. 생각의 문은 항상 활짝 열려 있어야 해요. 그래야 생각의 물꼬가 터져서 기발하고 별난 생각들이 나올 수 있어요.

○
낯이 익다고 해서 안다는 건 아니야

여러분은 대나무를 사용해 본 적이 있나요? 선생님이 어렸을 때에는 대나무로 가오리연을 만들었어요. 연의 뼈대를 만들기 위해서는 속이 텅 빈 대나무에 낫을 대고 손바닥으로 찍어 눌러야 했어요. 그럼 쫙 하는 소리와 함께 결을 따라 갈라졌죠. 그 소리가 무척 시원하고 경쾌하게 들렸어요.

그때는 다른 나무들과 달리 왜 대나무만 속이 텅 비어 있는지 무척 궁금했어요. 그리고 왜 그렇게 결을 따라 쉽게 갈라지는지도 궁금했죠. 친구들과 선생님들은 당연한 사실을 왜 궁금해 하냐고 나무랐어요. 사실 지금 생각해보면 그들은 대나무에 대해서 아는 것이 별로 없어서 대답할 수가 없었던 거예요. 하지만 더욱 놀라운 점은 그들 대부분이 대나무에 대해서 잘 알고 있다고 여겼다는 사실이에요. 자신이 모르는 것이 무엇인지도 모른 채 알고 있다고 착각했던 것이죠.

우리는 어떤 대상을 오래 봐 익숙해지면 잘 알고 있다고 착각하게 되는 경우가 많아요. 스스로 알고 있다고 여기면서 더 자세히 보려고 하지도 않고 생각하려 하지도 않죠. 하지만 자세히 들여다보고, 생각해 보지 않았다면 결코 안다고 할 수 없는 거예요.

나는 항상 꼿꼿하고 누구에게도
굽히지 않아

1 대나무 마디. 대나무가 빨리 자
라는 까닭은 성장을 담당하는 생
장점이 여러 개여서 그래요. 그 생
장점마다 마디가 생기는 거예요.
2 대나무 꽃. 우리가 알고 있는 꽃
과 조금 다른 모양이지요? 3 현미
경으로 본 대나무 단면. 사람 얼굴
같은 모양이 들어서 있어요.

○
대나무에 숨겨진 사람 얼굴

대나무를 가로로 잘라서 그 단면을 살펴볼까요. 무엇이 나타날 것 같은가요? 아무것도 보이지 않는다고요? 근접 촬영이 가능한 카메라나 돋보기, 현미경으로 단면을 살펴보세요. 그럼 작은 구멍들이 보일 거예요. 구멍들은 아무런 의미 없이 송송 뚫려 있는 것처럼 보이지만 자세히 보면 패턴의 형태를 띠고 있다는 것을 알 수 있어요. 사람 얼굴 모습을 한 구멍들이 대나무 단면에 빼곡히 들어 있죠.

희한하게 생긴 이 구멍들은 도대체 무엇일까요? 그저 우연의 일치로 생겨난 단순한 구멍인 것일까요? 아니면 어떤 특별한 역할을 하기 위해 만들어진 기관일까요?

이 구멍들은 다름 아닌 대나무의 관다발이에요. 대나무가 살아가는 데 반드시 필요한 물과 양분의 이동통로인 것이죠. 속이 텅 빈 줄만 알았는데, 녀석에게는 작고 촘촘한 관다발 구멍들이 있었어요. 무엇이든 꼼꼼하게 관찰하지 않으면 잘 보이지 않고, 그러면 그 대상이 가진 특징들을 찾아내기 어려워요. 맨눈으로는 잘 보이지 않더라도 도구를 사용해서 확대해 보면 우리가 몰랐던 새로운 모습을 만날 수 있답니다.

○
대나무 꽃을 본 적이 있니?

대나무를 관찰해보면 하루가 다르게 성장하는 모습을 확인할 수 있어요. 어떤 대나무는 하루에 1미터가 넘게 자란다고 할 정도니까요. 대부분의 식물에게는 꽃을 피우고 열매를 맺는 과정이 필요해요. 하지만 대나무는 꽃과 열매를 맺어서 번식하지 않아요. 대나무에 핀 꽃을 본 적이 있는 친구들은 무슨 소리냐고 펄쩍 뛸지도 모르겠네요. 그 꽃은 돌연변이예요. 보통 수 년 또는 수십 년에 한 번씩 꽃을 피우는데 번식과는 전혀 관련이 없어요. 대나무는 땅 속 줄기를 통해 번식을 하기 때문이에요. 대나무가 자라는 땅속을 파보면 줄기가 연결되어 있는 것을 볼 수 있을 거예요.

사람들은 자신이 살아가는 터전 말고는 땅속에 대해서 별 관심이 없어요. 그 속에서 무슨 일이 일어나는지 나와는 아무 상관이 없다고 여기죠. 하지만 어떤 사람들은 땅속 세계에 관심을 갖고 탐구하기도 해요. 아무도 관심 갖지 않은 땅속의 수많은 생명들을 연구하면서 새로운 발견을 하려는 것이죠. 여러분도 많은 사람들이 원하는 것, 인기 있는 것에만 관심을 갖지 말고 때로는 아무도 거들떠보지 않는 세계에 관심을 가져 보세요.

내가 뭘 먹기에 밤을
환히 밝히는지 궁금하지 않니?

반딧불이

○
꽁무니가 반짝반짝 반딧불이

여러분은 스스로 빛을 내는 생물을 본 적이 있나요? 어두운 밤 하늘을 밝게 비추는 보름달처럼 말이에요. 지구상에는 환하게 빛을 내는 생물들이 많아요. 하지만 실제로 우리 눈으로 직접 보는 것은 아주 어려운 일이죠. 스스로 빛을 내는 대부분의 생물은 깊고 어두운 바다 속에서 살아가는 경우가 많기 때문이에요. 녀석들은 먹이를 사냥하고 또 천적으로부터 몸을 보호하기 위해 빛을 만들어요.

그런데 땅에서 살아가는 생물 중에서도 스스로 빛을 내는 녀석이 있어요. 바로 꽁무니에서 밝은 불빛이 나오는 반딧불이예요. 녀석은 사람들에게 아주 친숙한 곤충이에요. 하지만 친근한 느낌과는 달리 우리 주변에서 쉽게 만날 수는 없어요. 환경이 오염되면서 자취를 감춰버렸기 때문이에요. 이제는 깨끗한 곳에서만 녀석들을 만날 수 있어요.

하지만 너무 실망하지는 마세요. 야생에서 쉽게 만날 수는 없지만 사람 손을 통해서 길러지고 있으니까요. 덕분에 반딧불이의 생활을 관찰하고 기록하는 것이 훨씬 편해졌어요. 수조에 넣고 기르면서 녀석이 어떻게 사는지를 손쉽게 들여다볼 수 있게 되었으니까요.

○
먹보대장 반딧불이 애벌레

사람들은 반딧불이를 떠올리면서 밤하늘을 환히 밝히며 날아 다니는 어른이 된 모습만 생각하기 쉬워요. 하지만 반딧불이의 긴 삶에서 어른으로 지내는 기간은 불과 2주 정도밖에 되지 않아요. 녀석은 일생의 대부분을 물속에서 애벌레 상태로 지내요.

반딧불이 애벌레는 구더기를 닮았어요. 평소 곤충을 싫어하는 친구라면 징그럽다고 느낄 수도 있을 거예요. 물속을 기어 다니는 애벌레가 하늘을 나는 반짝거리는 벌레로 변한다는 사실은 그 누 구도 짐작할 수 없을 거예요. 반딧불이는 알에서 애벌레, 번데기 를 거쳐 어른으로 한 단계씩 도약할 때마다 사람들 머리로는 상상 할 수 없을 정도로 엄청난 변화를 맞이해요. 그 변화의 순간을 보 는 것만으로도 여러분의 관찰력은 쑥쑥 오르고 상상력 또한 풍부 해질 수 있을 거예요.

그렇다면 반딧불이 애벌레는 물속에서 무엇을 먹고 살아가는 걸까요? 땅에서 살아가는 애벌레들은 보통 식물의 잎을 갉아먹고 살아가요. 반딧불이 애벌레도 물속 식물을 갉아먹을까요? 녀석이 가장 좋아하는 먹이는 우렁이나 달팽이, 다슬기예요. 반딧불이 애 벌레는 달팽이나 우렁이보다 훨씬 몸집이 작지만 녀석들을 잡아먹고 살아가요. 먹성도 대단해서 수조 속에 다슬기나 우렁이를 넣어두면 어느 새 빈 껍질만 남고 말아요.

대부분의 동물들은 어른으로 자라면서 더 많은 음식을 필요로 하는 경우가 많아요. 몸집이 커진 만큼 생명 활동을 유지하기 위해서는 더 많은 에너지가 필요하고, 그러려면 더 많은 영양소를 섭취해야 하기 때문이죠.

하지만 반딧불이는 정반대예요. 애벌레 시기에 왕성한 먹이활동을 하던 녀석들이 어른이 되면 더 이상 먹이를 먹지 않아요. 입이 퇴화되어 먹이를 먹고 싶어도 먹을 수가 없어요. 대신 녀석들은 어른이 되면 이슬이나 물만 먹고 살아가요. 어른이 되면 아무것도 먹지 못하고 물만 마실 수 있다고 생각해보세요. 하루도 지나지 않아 배가 고프다고 난리를 칠 거예요.

사람의 기준에서 생각하거나 판단하는 것만이 항상 옳은 것은 아니예요. 세상에는 단 하나의 정답만 있고 나머지는 틀렸다고 생각해서는 안 돼요. 자연 속에는 종종 우리가 가진 상식을 뛰어넘는 말도 안 되는 일이 일어나고 있으니까요. 비상식적인 일을 하나씩 찾아내다 보면 딱딱한 편견의 벽이 부서지고 자유로운 생각의 세계가 펼쳐질 거예요.

밤이 되어야 나의 아름다움이 빛나지

1 꽁무니에서 빛을 내는 반딧불이.
2 반딧불이 애벌레. 어릴 때는 조금 징
그러운 모습이지만 어른이 되면 밤을
밝히는 아름다운 빛의 벌레가 돼요.
3 반딧불이 애벌레가 깨끗이 먹어치운
다슬기. 껍데기만 남았네요.

○
너에게 잘 보이려고 빛을 밝히는 거야

반딧불이 애벌레는 물 속에서 8개월이 넘는 시간 동안 여섯 번 가량 탈피를 하면서 성장해요. 그리고 나서 번데기가 될 때 즈음에 육지로 올라와요. 그리고 다시 땅속에서 번데기로 3개월의 시간을 더 견뎌야 마침내 어른벌레가 될 수 있어요.

어른벌레가 된 반딧불이는 밝은 빛을 내며 밤하늘을 날아다닐수 있어요. 꽁무니에서 나오는 연노란색 빛은 어두운 바다를 비추는 등대처럼 켜졌다 꺼졌다를 반복하는데, 그 모습이 정말 아름다워요.

녀석들이 이렇게 빛을 내는 까닭은 무엇일까요? 단순히 멋이나 아름다움을 뽐내기 위해서일까요? 반딧불이가 빛을 내는 까닭은 짝을 찾아 알을 낳기 위해서예요. 녀석의 몸속에는 '루시페린'이라는 빛을 만들어 내는 특수한 성분을 가진 세포가 있어요. 이세포가 산소와 결합하면 반짝이는 빛이 만들어져요.

우리가 보기에는 다 같은 불빛으로 보이지만 암컷과 수컷이 만드는 빛이 각각 달라요. 수컷과 암컷은 수많은 빛 가운데 각각 자신을 유혹하는 짝을 찾아낼 수 있어요. 왜 하필이면 빛을 이용해 짝을 유혹하게 되었는지 아직까진 알 수 없어요. 그 비밀을 푸는 것은 여러분의 몫이에요. 반딧불이가 만드는 빛에 대해서 탐구해 보세요. 빛이 나오는 꽁무니의 온도는 얼마나 되는지, 빛을 내는 시간이나 횟수는 어떻게 되는지, 빛의 밝기가 짝을 찾는 데 어떤 영향을 끼치는지 꼼꼼히 관찰하고 기록해 보세요. 그러다 보면 녀석이 가진 환한 빛에 관한 비밀을 풀어낼 수 있을 거예요.

○
모든 상상은 언젠가 이뤄질 수 있어

반딧불이는 건전지나 충전지도 없이 스스로 빛을 낼 수 있어요. 만약 사람들도 반딧불이처럼 스스로 빛을 낼 수 있다면 어떻게 될까요? 손전등이나 백열등과 같이 어둠을 밝히기 위해 필요했던 도구들은 더 이상 사용되지 않을 거예요. 눈이나 손에서 나오는 빛으로 어두운 곳을 환하게 비춰주면 되니까요. 그럼 전기도 절약할 수 있고, 환경도 보호할 수 있을 거예요.

말도 안 되는 허무맹랑한 소리 같다고요? 현재 과학 기술 수준으로만 보면 불가능한 일처럼 여겨질 수도 있어요. 그러나 백 년 전만 하더라도 인류가 달에 갔다 오리라고는 아무도 믿지 않았어요. 만약 그 시대에 그런 말을 했다면 미치광이 소리를 들었을지도 몰라요. 하지만 인류는 지금 달은 물론 태양계 너머까지 탐사

하기에 이르렀어요.

어떤 불가능한 일이라도 상상 속에서는 가능해요. 그리고 상상은 언젠가 현실 속에서 실제로 이뤄지고 말죠. 생각하고 상상하는 것에는 옳고 그름이 없어요. 어디까지나 스스로 그런 놀라운 상상을 했다는 사실이 중요한 거예요. 터무니없는 상상을 한다고 해서 재료나 돈이 들어가는 것도 아니에요. 다른 사람들에게 피해를 주는 것도 아니고요. 상식을 깨는 상상을 해보세요. 지금 과학기술로는 절대 실현되지 못할 것 같은 그런 상상을 말이에요.

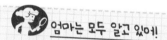

엄마는 모두 알고 있어!

옛날 중국에 차윤이란 사람은 공부가 너무 하고 싶었지만 가난해서 밤에 불을 밝힐 수 없었대요. 그래서 그는 반딧불이들을 잡아 그 빛으로 공부를 했다고 하네요. 손강이란 사람도 비슷한 처지여서 밤이 되면 눈에 반사된 달빛으로 책을 읽었다고 해요. 여기서 생긴 말이 어려운 처지에서도 열심히 공부한다는 뜻을 가진 '형설지공'이에요.

우리가 너희 곁에 있는 건
너희를 믿기 때문이야

제비

○

함께 살아가는 지혜를 가진 제비

우리 조상들은 아주 오래 전부터 제비를 복을 가져다주는 친숙한 새로 여겼어요. 그래서 무사히 새끼를 길러낼 수 있도록 집 한편을 내주었죠. 똥을 싸고 파리가 들끓는 등 제비가 둥지를 틀면 이런저런 불편함이 생기는데도 말이에요.

요즘에는 우리나라를 찾는 제비 수가 부쩍 줄어들었어요. 둥지를 만들 수 있는 기와집이나 초가집이 사라졌기 때문이에요. 또한 농사를 지을 때 농약을 많이 사용하는 바람에 제비들이 먹을 벌레들이 많이 죽은 것도 녀석들이 줄어드는 데 영향을 끼쳤어요. 하지만 시골 마을에 가면 여전히 강한 생명력으로 둥지를 만들고 새끼를 길러내는 제비를 만날 수 있어요.

동물들이 점점 우리 곁을 떠나게 되었지만 여전히 제비는 우리가 가장 가까이서 관찰할 수 있는 새예요. 둥지를 지어 알을 낳고, 새끼를 길러내는 과정을 1미터 남짓한 가까운 거리에서 모두 볼 수 있어요. 녀석을 곁에서 관찰하고 그 결과를 기록하는 것은 그 자체만으로도 훌륭한 공부가 돼요. 교과서에서 배우는 단편적인 지식이 아니라 한 생물의 생애 전 과정과 생명의 소중함을 통째로 배울 수 있는 소중한 기회니까요.

○
알고 있는 모든 것을 의심하고 관찰해봐

　제비를 관찰하다 보면 여러 가지 사실들을 발견할 수 있어요. 그 가운데에는 상식처럼 이미 알고 있는 것도 있고, 전혀 몰랐던 새로운 사실들도 있을 거예요. 중요한 점은 관찰할 때에는 이미 알고 있다고 지레 짐작하고 들여다봐서는 안 된다는 거예요. 내가 처음 보는 현상임에도 불구하고 알고 있다고 여기면서 허투루 관찰하기 쉬우니까요.

　여러분이 이미 알고 있는 사실들은 책에서 읽었거나 다른 사람들로부터 전해 들은 것이지 진짜 여러분의 것이 아니에요. 여러분이 실제로 경험해 얻은 것이 아니라면 한번쯤 의심을 하고 관찰하는 것이 더 나아요. 이미 알고 있는 지식도 '과연 정말 그럴까?' 하고 들여다보는 것이죠. 그런 자세가 오히려 그 대상의 새로운 모습을 발견하는 데 도움이 돼요.

　제비가 둥지를 어떻게 만드는지, 알을 품는 기간은 얼마나 되는지, 새끼에게 어떤 먹이를 먹이는지 등 여러분이 알고 있던 상식은 버리세요. 갓 태어난 아기의 눈으로 제비를 처음 본다는 생각으로 관찰해 보세요. 그러면 그 어떤 전문가의 관찰 기록과도 바꿀 수 없는 여러분만의 관찰 일지가 나올 거예요.

1
2
3

저도 함께 살고 싶어요!

1 제비가 우리들이 사는 집 지붕에 만든 둥지. 튼튼해 보이죠? 2 전깃줄에 앉은 제비들. 녀석들은 사람에게 길들여지지 않았으면서도 사람을 무서워하지 않아요. 오히려 사람 옆이 안전하다는 것을 아는 거죠. 3 제법 자란 제비의 새끼들. 이제 조금 있으면 부모 곁을 떠나겠네요.

○
그럼 제비 옆에서 뭘 관찰해야 하지?

가장 먼저 관찰해야 할 부분은 둥지를 어떻게 만드는지에 대한 거예요. 제비는 집으로 날아와서 곧바로 둥지를 만들지는 않아요. 집안 구석구석을 한참 동안 탐색하다가 새끼를 길러낼 만한 안전한 장소라고 여겨지면 그때서야 둥지를 만들기 시작하죠. 둥지를 만들 때 어떤 재료를 사용하는지, 어떤 구조로 만드는지, 완성하는 데까지 어느 정도 시간이 걸리는지 알아보세요. 간단한 질문 같아 보이지만 관찰을 어떻게 해야 하는지를 알 수 있는 의미 있는 시간이 될 거예요.

다 완성된 둥지는 보기에는 허름하고 금방 부서질 것처럼 약해 보여요. 하지만 둥지는 다섯 마리가 넘는 새끼제비들 무게도 견딜 만큼 아주 튼튼하답니다. 시멘트나 접착제도 없이 흙과 풀로만 만들었다고는 믿기 힘들 정도로 말이에요.

둥지가 완성되면 제비 부부는 짝짓기를 한 뒤 알을 낳아요. 몇 개의 알을 낳았는지 세어 보세요. 알을 품을 때에는 암컷 혼자서 품는지, 아니면 수컷과 교대로 품는지, 또 얼마나 오랫동안 품는지도 관찰해 보세요.

하지만 알을 꺼내서 살펴보는 것은 알이 깨어나는 데 굉장히 좋지 않은 영향을 끼칠 수 있어요. 따라서 알을 관찰하는 활동은 항상 조심스럽게 이뤄져야만 해요.

알이 부화하면 이때부터는 엄마 제비가 새끼를 정성스럽게 키우는 모습을 볼 수 있어요. 어미가 주로 어떤 먹이를 잡아오는지, 어떤 순서로 새끼들에게 먹이를 주는지를 살펴보세요. 알에서 부화한 다음 며칠이 지나야 비행을 할 수 있는지도 알아보고요.

새끼가 다 자라 어미 품을 떠날 때쯤이 되면 맨 처음 어미 모습과 비교해 보세요. 새끼를 길러내는 동안 통통했던 몸집을 가졌던 어미는 어느 새 홀쭉해져 버렸고, 윤기가 흐르던 깃털 색도 바래서 볼품없어져 버렸다는 사실을 알 수 있을 거예요. 온몸을 희생하는 엄마 덕분에 새끼들은 무사히 자라 자연으로 나서게 돼요. 제비의 육아를 관찰하며 엄마를 떠올려보는 것은 어떨까요?

○
사람 곁이 가장 안전해

가축이나 애완동물로 길들여지지 않는 새들은 대부분 사람을 무서워해요. 사람이 조금이라도 가까이 가면 멀리 날아가기 바쁘죠. 하지만 제비는 야생성을 간직한 새지만 사람 곁에서 알을 낳고 새끼를 길러내요. 왜 하필 사람들 근처에서 둥지를 만들고 새

끼를 키워내는 걸까요? 바로 사람 곁에서 알을 낳고 새끼를 길러
내는 것이 훨씬 안전하기 때문이에요.

이러한 사실은 누가 가르쳐 준 것이 아니에요. 오랜 시간에 걸
쳐서 녀석들 스스로 터득한 것이죠. 녀석들은 '사람이 가장 위협
적이다'는 고정관념에서 벗어나 '사람이 위협적인 만큼 사람과 함
께 있으면 다른 천적으로부터 안전할 수 있다'는 새로운 사실을
깨달았어요.

뻐꾸기라는 얄미운 새가 있어요. 녀석들은 탁란이라는 것을 하
거든요. 탁란은 다른 새 둥지에다가 몰래 자기 알을 낳아 다른 새
들이 대신 키우게 만드는 것을 이르는 말이에요. 실제로 제비와
비슷한 습성을 지닌 다른 새들은 뻐꾸기의 탁란 때문에 자신이 낳
은 새끼를 잃고, 대신 어이없게도 뻐꾸기의 새끼를 자기 새끼인
줄 알고 키우게 되는 경우가 많아요. 하지만 사람들 속에 있으면
뻐꾸기의 탁란으로부터 자유로울 수 있지요.

또 사람들과 함께 살면 제비를 공격하는 다른 천적으로부터 안
전하게 새끼들을 지켜낼 수도 있고요. '사람은 항상 위협적이다'
는 사실을 뒤집어서 안전하게 새끼를 키워내는 제비의 생각이 꽤
나 기발하지 않나요?

늘 해오던 생각이나 방식이 언제나 최선의 해결책이 되는 것은

아니예요. 늘 해오던 방식에서 과감하게 벗어나면 더 나은 생각이 나오기도 해요. 알을 보호하기 위해 사람 곁에서 알을 낳는 제비처럼 말이에요.

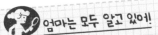 엄마는 모두 알고 있어!

뻐꾸기가 탁란을 한다고 했지요. 남의 둥지를 차지한 뻐꾸기 새끼가 알을 깨고 나와 가장 먼저 하는 일은 다른 새의 알과 먼저 태어난 새끼들을 둥지에서 밀어내는 거예요. 이렇게 탁란을 하는 얌체 동물은 다른 새나 포유류에서는 거의 찾아볼 수 없어요. 하지만 뻐꾸기를 너무 미워하진 마세요. 해충을 잡아주거든요.

8

힘들어도
즐거운 재미 속에
진짜 배움이 있다

"나는 몇 달이고 몇 년이고 생각하고 또 생각한다. 그러다 보면 99번은 틀리고 100번째가 되어서야 비로소 맞는 답을 찾아낸다." 아인슈타인의 말입니다.

우리는 살아가면서 수많은 실패와 맞닥뜨리게 됩니다. 어쩌면 거듭되는 실패야말로 성공보다 우리 삶에서 더 친숙할지도 모르겠습니다. 우리가 누군가의 성공을 기억하는 까닭은 그만큼 성공이 희귀하기 때문일 것입니다.

아무리 열심히 노력했어도 자신이 원했던 결과가 나오지 않으면 포기하고 싶은 마음을 갖게 되는 것 또한 인지상정일 것입니다. 그리고 대개는 몇 번의 실패를 반복하면 주눅이 들고 두려움이 생겨 더 이상 다시 도전하고 싶은 용기를 잃고 좌절하게 됩니다.

그렇다면 인류 역사 속에 위대한 업적을 남긴 사람들은 어땠을까요? 그들도 자주 실패를 경험했을까요? 흔히 아인슈타인 같은 천재들은 실패를 거의 경험하지 않았을 것이라고 생각하기 쉽습니다. 하지만 천재 중의 천재라고 불리는 아인슈타인도 99번의 실패와 실수를 거친 뒤에 비로소 답을 찾았다고 고백합니다. 수많은 실패의 과정을 거친 뒤에야 비로소 창의적인 성과가 나온 것이지요.

실패가 당연하고 성공이 희귀하다면 우리가 아이에게 가르쳐줘야 하는 것은 성공하는 방법이 아니라 성공할 때까지 실패를 반복할 수 있는 힘일 것입니다. 중요한 것은 실패를 대하는 자세의 차이입니다. 대부분의 사람들은 여러 번 실패를 경험하게 되면 포기하고 단념합니다. 그것이 당연하기도 합니다. 하지만 위대한 업적을 남긴 사람들은 실패한다고 해서 결코 멈추거나 포기하지 않았습니다. 오히려 실패를 분석하며 다른 방법으로 꾸준히 시도

해 마침내 성공에 이르렀습니다. 성공할 때까지 실패하는 것, 그것이 보통사람과 위대한 사람을 가르는 유일한 차이입니다.

그렇다면 그 끊임없는 도전은 어디에서 비롯되는 것일까요? 바로 재미와 즐거움입니다. 자신이 좋아하고 즐거워하는 일을 하는 사람은 실패를 두려워하지 않습니다. 아무리 힘든 일이라도 시간 가는 줄 모르고 자신의 일에 몰입하지요. 에디슨, 파브르, 레오나르도 다빈치 등 역사 속에서 뛰어난 창의력을 발휘한 인물들은 모두 다 자신이 하는 일에 재미와 즐거움을 느꼈습니다. 만약 아인슈타인이 자신의 일을 싫어했다면 99번의 실패를 견디지 못했을 것입니다.

자신이 하고 있는 일에 즐거움을 느끼지 못하면 창의력은 결코 발휘될 수 없습니다. 재미와 즐거움은 창의력을 발휘하는 데 가장 기본적인 조건입니다. 창의적인 생각은 단순히 노력만 한다고 해서 발현되는 것이 아닙니다. 아무리 많은 노력을 할지언정 재미를 느끼지 못한 채 억지로 진행한다면 스트레스만 받고 창의적인 생각은 나오지 않습니다. 《논어》를 보면 '지지자는 불여호지자요, 호지자는 불여락지자知之者 不如好之者 好之者 不如樂之者'라는 구절이 나옵니다. 아는 사람은 좋아하는 사람만 못하고, 좋아하는 사람은 즐기는 사람만 못하다는 뜻이지요. 우리에게는 '타고난 사람은 노력하는 사람을 이길 수 없고, 노력하는 사람은 즐기면서 하는 사람을 이길 수 없다'라는 살짝 변형된 말로 널리 알려졌습니다.

공자님 말씀처럼 열심히 노력하기만 해서 얻은 성과는 진정으로 즐기면서 스스로 이뤄낸 결과보다 효율이 떨어질 수밖에 없습니다.

일을 즐기는 사람은 아무리 힘들어도 얼마든지 더 노력하고 도전하면서 창의적인 성과를 만들어냅니다. 설사 실패했다 하더라도 이를 실패로 생각하지 않고 자신을 더욱 더 성장시키는 기회로 생각하고요.

잔소리를 해가며 가까스로 책상 앞에 앉힌다고 해서 아이들이 공부를 할까요? 대부분은 딴 생각을 하거나 꾸벅꾸벅 졸 것입니다. 당연합니다. 공부는 재미가 없으니까요. 아이들이 게임을 할 때 시간 가는 줄 모르고 깊이 몰입하는 것은 재미있고 즐겁기 때문이고요. 하기 싫은 일을 억지로 하면 몰입이 전혀 되지 않고, 성과도 잘 나오지 않습니다. 아이들에게 노력한 만큼의 성과를 바란다면 먼저 어머니들께서 아이 스스로가 좋아하고, 또 잘하는 일을 아이와 함께 찾는 노력이 필요합니다.

그런데 창의적 성과를 만들어내기 위해서는 즐거움 말고도 더 필요한 것이 있습니다. 바로 일의 의미와 가치입니다. 우리는 왜 아이들이 그렇게 좋아하는 게임을 굳이 말리려는 것일까요. 아이가 나중에 프로 게이머가 되거나, 게임을 만드는 프로그래머가 될 수도 있고, 게임을 하다 말고 책상 앞에 앉은들 공부를 할 리도 없을 텐데 말이죠. 바로 의식했든 무의식적이든 어머니들께서는 아이들의 놀이에서도 의미와 가치를 따지기 때문입니다.

신나는 게임도 좋지만 가상현실이 아닌 실제 자연 속에서 생물을 관찰하고 탐구하는 것은 그 자체로 놀이이자 공부이기도 합니다. 특히 모든 것이 새롭고 낯선 아이들에게 자연과 함께하는 경험은 매우 의미 있고 가치 있는 시간이 될 것입니다. 생물이 간직한 비밀을 발견하는 것은 생물에 관한 지식의 세계를 넓혀서 다른 사람들에게 도움을 주는 일이기도 하니까요.

반드시 사회에 공헌하겠다는 거창한 생각이 아니어도 상관없습니다. 자연에서 자신과 더불어 살아가고 있는 다른 존재들에게 관심을 가지는 것, 그리고 나 외의 존재를 들여다보는 경험은 아이들에게 큰 자산이 될 것입니다. 아이들은 자연 탐구를 통해 가만히 관찰할 수 있는 끈기나, 문제를 해결할 수 있는 힘뿐만 아니라 타인에게 먼저 손을 내밀 수 있는 소통 능력을 향상시킬 것이니까요. 우리가 우리 삶과 크게 관련이 없어 보이는 파브르의 곤충연구 결과에서 감동을 받는 까닭은 바로 이 때문일 것입니다.

지금까지 그래왔다고 해서
당연한 것은 아니야

Isaac Newton(1643~1726)

뉴턴

○ 우리가 잘 알고 있다고 착각하는 뉴턴

뉴턴은 근대과학을 집대성한 위대한 과학자예요. 흔히 물리학자로 널리 알려져 있지만 수학은 물론 광학, 천문학에도 뛰어난 역량을 발휘할 만큼 다재다능한 사람이었어요.

뉴턴은 과학사에 길이 남을 위대한 학자였지만 어린 시절이 그리 순탄치만은 않았어요. 그가 태어나기도 전에 아버지가 돌아가셨고, 어머니는 다른 남자와 재혼을 했어요. 그래서 뉴턴은 어린 시절을 외할머니와 함께 외롭게 보내야 했지요. 어머니의 사랑이 부족했던 탓인지, 그는 다른 사람들과 원만하게 지내는 일을 매우 어려워했어요. 이성을 만나 결혼하는 것은 물론 친구들을 사귀는 것조차 쉽지 않았다고 해요. 커서도 외톨이였던 거지요.

하지만 자연 속에 들어가서는 그 누구보다도 활발하게 말을 주고받으며 소통을 했어요. 자연 속 대상들을 관찰하고 탐구하면서 스스로 질문하고 답을 찾아냈던 것이죠. 뉴턴에게 있어서 자연이란 마르지 않는 샘물처럼 언제나 새롭고 즐거움이 끊이지 않은 호기심의 대상이었어요.

○

정해진 생각의 틀에서 벗어나면 새로운 세계가 열려

뉴턴이 케임브리지대학에 다닐 무렵 유럽에서는 페스트가 번지면서 사람들이 큰 피해를 입게 되었어요. 페스트는 흑사병이라고도 불리는 무서운 전염병으로 당시 유럽 사람들의 절반 가까이가 이 병 때문에 세상을 떠났을 정도였대요. 당연히 다니던 학교도 휴교를 하게 되는 바람에 뉴턴은 고향으로 돌아가게 되었죠.

그 시기에 뉴턴은 사과나무 아래에 앉아 쉬면서 사과가 땅으로 떨어지는 것을 보았어요. 그리고 불현듯 기발한 생각이 스쳐갔어요. 바로 땅으로 떨어지는 사과와 지구 주위를 도는 달에 같은 법칙이 적용될 수 있겠다는 생각이었어요. 이때의 생각은 훗날 '만유인력의 법칙'으로 불리며 역사에 큰 영향을 끼치게 되었답니다.

뉴턴이 지구와 우주에 관한 법칙을 내놓기 전까지 사람들은 땅과 바다, 우주에 존재하는 법칙이 다르다고 생각했어요. 땅과 바다, 우주를 구성하는 힘은 각각 다르다고 생각한 거죠. 여기까지가 뉴턴이 나오기 전까지 사람들이 믿었던 과학의 세계이자 세상의 전부였어요.

하지만 뉴턴은 사람들의 생각을 확 깨버렸어요. 땅과 지구, 달, 태양 모두가 같은 힘의 영향을 주고받는다고 말이에요. 사람들이

1 뉴턴의 프리즘 실험을 묘사한 그림이에요. 뉴턴은 아무 색도 없는 햇빛을 일곱 빛깔 무지개로 분리했지요. 어떻게 이런 생각을 할 수 있었을까요? 2 애플 컴퓨터 의 처음 로고는 이랬어요. 책을 읽고 있는 뉴턴의 머리 위에 달린 사과를 묘사했네 요. 뉴턴은 사과가 떨어지는 것을 보고 만유인력에 대한 아이디어를 얻었다고 해요. 3 뉴턴이 쓴 《자연철학의 수학적 원리》 가운데 한 페이지예요. 뉴턴은 독일의 철학 자 라이프니츠와 미적분을 누가 먼저 발견했는지를 놓고 수십 년간이나 싸웠대요.

가지고 있던 상식과 고정관념은 생각을 지배하기 마련이에요. 그 것을 깨부수는 것은 아주 어려운 일이죠. 뉴턴이 '만유인력의 법 칙'이라는 새로운 생각을 할 수 있었던 것은 고정관념이라는 틀에 갇히지 않고 늘 새로움을 발견하려고 노력했기 때문이에요.

○
사과가 떨어지는 것이 왜 당연해?

당시 사람들은 사과가 땅에 떨어지는 것이나 달이 지구로 떨어 지지 않는 것은 지극히 당연한 자연 현상이라고 생각했어요. 그들 은 왜 그런 현상이 일어나는지 잘 몰랐지만, 자신들이 잘 알고 있 다고 생각했어요. 매번 익숙하게 보는 자연 현상이다 보니 '당연 한 사실'로만 받아들일 뿐 전혀 궁금해 하지 않았지요.

우리가 매번 마주하는 자연 현상들을 당연하게 받아들이면 더 이상 의문은 생기지 않아요. 예전에도 그래왔고, 미래에도 계속 그러할 것이라는 생각에 갇혀서 새로움을 전혀 느낄 수가 없어요. 하지만 뉴턴은 달랐어요. 그는 '사과는 땅으로 떨어지는데 왜 달 은 떨어지지 않을까?' 이렇게 새로운 관점으로 생각했어요. 당연 하게 여겨지는 자연 현상 속에 숨은 원리를 찾기 위해 끊임없이 궁금증과 호기심을 가졌던 것이죠. 그리고 그러한 의문을 해결하는 과정 속에서 자연을 설명하는 원리를 찾아냈어요.

뉴턴이 보통 사람의 눈으로만 세상을 바라봤다면 그도 그저 그런 평범한 과학자가 되었을지도 몰라요. 하지만 그는 갓 태어난 아기의 눈으로 세상을 바라보려고 노력했어요.

○
위대한 생각은 우연히 나오지 않아!

종종 사람들은 위대한 발견을 운이 좋았기 때문이라고 생각하는 경향이 있어요. 하지만 위대한 발견이나 성공 뒤에는 우리가 놓치고 있는 인내의 과정이 숨어 있어요. 수십 번, 수백 번 실패를 겪은 다음에야 비로소 위대한 발견을 하는 것이죠.

뉴턴이 사과가 나무에서 떨어지는 것을 보고 만유인력의 법칙을 발견한 것도 우연이 아니에요. 그의 발견 속에는 자연을 움직이는 법칙을 오랜 시간 연구하면서 겪었던 수많은 실패들이 숨어 있어요. 끊임없이 자연에 관해 질문하고 생각하는 과정 속에서 비로소 만유인력의 법칙을 아우르는 위대한 생각이 떠오른 것이죠. 사소한 관찰이 위대한 발견으로 연결되기 위해서는 뉴턴처럼 자연에 관심을 갖고 끊임없이 질문하며 실패를 두려워하지 않는 자세가 필요해요.

기발한 생각은
꼼꼼한 기록에서 나오는 거야

Leonardo da Vinci(1452~1519)

레오나르도 다빈치

자연이 키운 최고의 천재

레오나르도 다빈치는 예술, 과학, 의학, 수학, 건축, 식물학, 천문학 등 여러 분야에서 재능을 발휘한 인물이에요. 한 사람이 이렇게 많은 재능을 가지고 있다는 사실이 믿기 힘들 정도죠? 아마 역사 속에서도 레오나르도 다빈치만큼 많은 재주를 가진 사람을 찾기란 쉽지 않을 거예요.

도대체 레오나르도는 어떤 교육을 받았기에 이렇게 뛰어난 재능을 갖게 된 걸까요? 남다른 재주의 비결은 무엇일까요? 그 질문에 대한 답을 찾기 위해서는 레오나르도 다빈치의 어린 시절로 돌아가야 해요. 레오나르도가 어린 시절 어떤 대상에 관심과 호기심을 가졌는지, 또 어떻게 탐구해왔는지를 살펴보면 조금이나마 그비밀을 풀 수 있기 때문이에요.

이름에서도 알 수 있듯이 레오나르도는 '빈치'라는 시골마을에서 자랐어요. 레오나르도는 어린 시절을 이곳에서 보내면서 도시에서 경험할 수 없는 자연 속에 파묻혀 상상력을 키워 갔어요. 식물은 물론 동물, 그리고 지구와 우주에 이르기까지 자연은 그에게 훌륭한 교과서이자 호기심의 대상이었죠. 레오나르도는 자연을 관찰하고 탐구하는 데 몰두하면서 관찰력과 집중력 그리고 인내심을 배웠어요. 여기서 겪은 다양한 경험들은 훗날 그가 기발한 발명품들과 남다른 예술작품들을 만드는 데 큰 도움이 되었어요.

○
500년 전 헬리콥터를 상상한 아이

레오나르도 다빈치는 호기심이 아주 많은 사람이었어요. 대부분의 사람들이 관심을 갖지 않는 사소한 대상에도 호기심을 갖고 관찰하곤 했어요. 그의 남다른 호기심은 어디서부터 나온 것일까요?

레오나르도는 어린 시절 프란체스코 삼촌의 손에서 길러졌어요. 삼촌은 레오나르도가 풍부한 자연의 세계를 접하도록 도와주었죠. 다양한 꽃과 곤충, 동물의 이름을 묻는 레오나르도의 질문에 하나하나 답을 해주면서 호기심을 더욱 자극하도록 했어요. 덕분에 그는 자연을 세밀하게 관찰하고 그 결과를 섬세하게 기록으로 남길 수 있었어요. 실제로 다빈치가 남긴 수첩 속에는 1만 3,000여 점에 달하는 독특한 그림들이 그려져 있어요. 지금으로부터 500년 전에 그 누구도 생각하지 못했던 헬리콥터, 잠수함, 굴삭기 등을 생각하고 기록으로 남겨둔 것이죠.

그가 그렇게 남다른 생각을 할 수 있었던 비결은 호기심을 갖

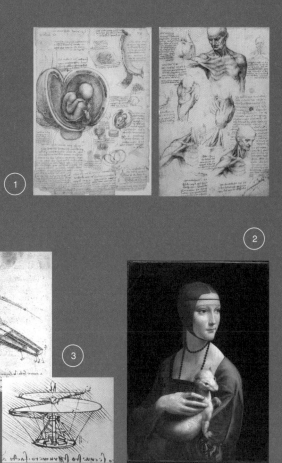

1 레오나르도 다빈치의 관찰 스케치들이에요. 그는 자신이 관찰했던 모든 것을 자세하게 기록으로 남겼어요. 레오나르도 다빈치를 천재로 만든 비결은 바로 뛰어난 관찰과 자세한 기록이었던 거예요. 2 레오나르도 다빈치가 그린 체칠리아 갈레라니라는 여성이에요. 르네상스 시대 초상화 가운데 손꼽히는 걸작이에요. 빛과 그림자의 원리에 대한 그의 오랜 관찰과 연구가 들어가 있지요. 3 레오나르도 다빈치는 비행기와 헬리콥터도 연구했어요. 그 옛날에 벌써 이런 생각들을 한 거예요!

고 예리한 시선으로 자연 속 대상들을 관찰했기 때문이에요. 잠자리 관찰을 통해서는 헬리콥터를, 고래 관찰을 통해서는 잠수함을, 두더지 관찰을 통해서는 굴삭기를 생각해냈죠. 자연은 레오나르도의 호기심을 자극하고 무한한 상상의 세계를 펼치게 해주는 훌륭한 스승이었던 거예요.

○
아이처럼 세상을 들여다봤지

"왜 천둥은 소리보다 빛이 먼저 나타날까?, 반딧불이는 꽁무니에 불이 붙었는데 왜 죽지 않을까?, 새는 어떻게 하늘을 날아갈 수 있을까?" 레오나르도는 어른이 되어서도 이런 질문들을 했어요. 남들이 보면 시시하고 하찮다고 생각하는 아이 같은 질문들을 말이에요.

대부분의 어른들도 어린 시절에는 호기심이 풍부하고 궁금한 것이 많았어요. 하지만 나이가 들어갈수록 궁금한 것들이 줄어들고 더불어 질문도 사라져가죠. 주변의 웬만한 자극에 대해서는 별흥미를 느끼지 못하는 데다가 질문하고 그 답을 찾는 것이 자신에게 별로 도움이 되지 않는다고 생각하기 때문이에요.

하지만 창의적인 사람은 어린아이처럼 시시하고 사소한 질문을 하고 그 답을 찾으려 노력해요. 남들이 비웃고 놀려도 전혀 신경 쓰지 않고 문제를 해결하는 데에만 온 생각을 집중하죠. 여러분도 주변의 현상이나 사물에 대해 관심을 갖고 질문을 해보세요. 그리고 그 질문을 항상 가슴 속에 품고 해결하기 위해 끊임없이 노력해보세요. 바로 레오나르도 다빈치처럼 말이에요.

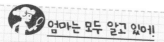

엄마는 모두 알고 있어!

레오나르도는 원근법뿐만 아니라 사물의 다양한 면을 이해하기 위해 보는 위치와 각도, 빛의 변화를 자세히 관찰했고 사람을 그리기 위해 근육과 뼈에 대해서도 깊이 공부했어요. 모나리자의 신비한 미소에는 예술가의 상상력뿐만 아니라 과학자로서의 노력도 숨어 있는 거지요.

○
기억력은 완전하지 않아요!

우리 몸에는 기억 활동과 관계 있는 두 개의 기관이 있어요. 하나는 우리가 배우고 경험한 것들을 저장하는 머릿속 뇌예요. 우리

뇌는 마치 청소기가 먼지를 빨아들이듯 온 감각을 통해 들어온 모든 정보를 머릿속으로 흡수해요.

또 다른 기관은 기억 활동을 도와주는 손이에요. 손은 머리로는 전부 기억하기 힘든 여러 가지 정보를 외부의 공간에 저장하는 역할을 해요. 사람의 기억력은 완전하지 않아요. 기존의 뇌세포가 죽고 새로운 뇌세포가 다시 생겨나면서 기억을 잊는 현상이 일어나기 때문이에요. 아무리 기억력이 좋은 사람이라도 모든 것을 기억하고 또 떠올릴 수 없어요.

그래서 창의적인 사람은 부족한 기억력을 보충하기 위해서 수시로 기록을 하는 습관을 가지고 있어요. 기발하고 독창적인 아이디어는 갑작스럽게 나타나는 경우가 많아요. 이럴 때 기록을 해두지 않으면 아이디어가 금세 사라지고 말아요. 아무리 떠올리려고 노력해도 전혀 생각이 나질 않죠. 하지만 자그마한 단서 하나라도 기록되어 있으면 그것을 보고 생각의 물꼬가 트이면 맨 처음 생각했던 것을 찾을 수 있어요. 이것이 바로 기록의 힘이에요.

역사 속에 등장했던 위인들 가운데에는 사소한 것 하나도 기록하는 습관을 가진 사람이 많았어요. 레오나르도 다빈치 역시 무엇이든지 기록하는 습관을 가진 사람이었어요. 그는 갑자기 생각이나 질문이 떠오를 때마다 수시로 메모를 했어요.

또 자신이 관찰했던 모든 것을 세밀하게 스케치해 기록으로 남겼어요. 레오나르도에게 있어 기록이란 생각을 수시로 꺼냈다 빼낼 수 있는 보물단지였어요. 그가 역사에서 손꼽히는 과학자가 될 수 있었던 비결은 바로 기록 덕분이었죠.

여러분도 레오나르도처럼 기록하는 습관을 가져보세요. 단순히 노트를 필기하는 것을 넘어서 꾸준히 관찰하고 그것을 체계적으로 기록하는 연습을 해보세요. 기록하는 노트가 많아지는 만큼 여러분의 관찰력과 창의력도 커져갈 거예요.

평범해 보이는 것에도
깊은 사연이 숨어 있어

Jean-Henri Fabre(1823~1915)

파브르

○
세상에서 쓸모없는 존재는 없어

파브르는 곤충학의 아버지라 불리는 사람이에요. 그가 있기 전까지 사람들은 곤충에 대한 관심을 거의 갖지 않았어요. 그저 몸집이 작고 하찮은 벌레로 여길 뿐 관찰이나 탐구의 대상으로 생각하지 않았죠. 곤충 관찰에 정신을 쏟는 그를 보고 당시 사람들은 미친 사람 취급을 했어요. 매일 땅만 쳐다보고 다니는 파브르가 이상해 보였기 때문이에요.

파브르처럼 시대를 앞서가는 사람은 종종 사람들로부터 놀림을 당하거나 어리석다고 손가락질 받는 경우가 많아요. 보통사람들에게는 시대를 앞서가는 사람을 이해하는 것이 아주 어려운 일이기 때문이에요. 다르게 생각하는 사람은 새로운 기준을 제시해서 앞으로 나아가지만 그렇지 않은 사람들은 옛날의 기준만을 고집한 채 세상을 이해하려고 해요.

당시 사람들은 곤충의 행동을 관찰하는 것이 '아무런 쓸모가 없다'고 생각했어요. 하지만 파브르는 달랐어요. 그는 곤충의 행동을 관찰하고 연구하는 것이 '생물의 세계를 더욱 깊고 자세히 이해할 수 있을 것'이라는 새로운 생각을 했죠. 만약 파브르가 없었더라면 지금까지도 사람들은 곤충의 생태에 대한 이해 없이 벌레란 저절로 생겼다가 죽는 존재인 줄로만 알고 있을지도 몰라요.
그리고 곤충으로부터 영감을 받은 수많은 발명품도 세상에 나오
지 못했을 거예요.

○
새로운 것을 만드는 힘, 상상

가만히 눈을 감고 새로운 생각을 떠올리는 상상은 이전에는 찾
아볼 수 없었던 영역을 개척하는 힘을 가지고 있어요. 우리가 지
금 즐겨 사용하는 컴퓨터나 스마트폰은 불과 백 년 전만 하더라도
없었던 것들이에요. 새로운 것에 도전하는 사람들이 컴퓨터와 스
마트폰이라는 새로운 영역을 만들어냈죠.

우리는 별 생각 없이 쉽고 편리하게 사용하지만 '그들이 맨 처
음 어떻게 그런 독창적인 발명을 했을까'에 대해서는 잘 생각하
지 않아요. 완성된 결과를 이용할 줄만 알고 새로운 도구를 발명
할 생각까지는 하지 않는 것이죠. 나와는 전혀 다른 세계에서 사
는 사람들만 만들 수 있다고 생각하거나 자신과는 상관없는 분야
라고 여기기 때문이에요.

하지만 어떤 사람들은 다른 사람들이 결코 가본 적이 없는 새
로운 영역에 도전해요. 완성된 결과를 아무 생각 없이 사용하는

1 최고의 사진작가로 꼽히는 펠릭스 나다르가 무언가에 몰두하는 파브르의 모습을 사진으로 담아냈어요. 파브르와 나다르 모두 관찰의 달인 같지요? 2 세계 각지에서 나온 파브르 기념우표예요. 사람들은 곤충을 연구하는 그의 행동이 쓸모없다고 생각했지만 파브르는 이렇게 세계적인 위인으로 인정받았어요. 3 처음 나온 《파브르 곤충기》에 실린 쇠똥구리 삽화예요.

것에 만족하지 않고 오히려 새로운 것을 생각하고 만들고 싶어 하죠. 파브르는 당시 사람들이 아무도 관심을 갖지 않는 곤충 분야를 깊이 연구함으로써 동물 행동학이라는 새로운 학문의 세계를 개척했어요.

당시만 해도 곤충은 겉모습만 보고 그 종을 분류하는 수준에서 그쳤어요. 하지만 파브르가 살아 있는 곤충의 행동을 연구하면서 곤충학 분야에서 보다 더 생생한 학문이 나타났어요. 그런 의미에서 새로운 학문의 세계를 처음으로 열어젖힌 파브르는 정말 대단한 사람이었던 거지요.

파브르의 연구 덕분에 아무도 거들떠보지 않던 곤충의 세계에 사람들이 관심을 갖게 되었어요. 이제 사람들은 단순히 곤충에 관심을 갖는 것을 넘어서 여러 가지 곤충을 연구하며 우리 생활에 활용하기 위해 많은 노력을 하고 있어요.

○
정말로 좋아하는 일을 한다면
아무리 힘들어도 즐거울 거야

파브르는 어려운 가정환경 속에서 어린 시절을 보냈어요. 집안이 워낙 가난해서 장난감 하나도 제대로 갖지 못했죠. 파브르에게 있어 장난감이란 시냇물, 흙, 나무와 같은 자연 속 대상들뿐이었어요. 그 중에서도 꿈틀꿈틀 움직이는 곤충에 대해서 호기심과 관심이 많았어요. 곤충을 관찰하고 탐구하는 것은 파브르가 가장 좋아하는 일이었죠.

하지만 지독한 가난 때문에 곤충을 관찰하고 탐구하는 것은 파브르에게 무척 힘든 일이었어요. 곤충 연구는 큰돈을 벌어주지도 못했고, 곧바로 명성을 가져다주는 것도 아니었기 때문이에요. 파브르는 한동안 생계를 유지하기 위해 곤충과 떨어져 있어야 했지요. 물론 가슴 속에는 곤충을 관찰하고 탐구하려는 열정을 늘 가지고 있었지만요.

선생님으로 일하면서 어느 정도 생활이 안정되자 파브르는 다시 곤충 연구를 시작했어요. 그렇게 시작된 연구는 파브르가 죽을 때까지 이어졌어요. 아무도 관심을 갖지 않고 유망하지도 않는 분야를 평생 연구한 거예요. 진심으로 곤충을 아끼고 사랑하는 마음이 없었다면 아마 불가능했을 거예요.

어떤 분야에서 탁월한 창의력을 발휘하려면 그 일에 대한 열정과 사랑이 없으면 불가능해요. 지금 여러분은 그런 일을 가지고 있나요? 만약 그렇지 않다면 내가 정말 좋아하고 즐기면서, 잘하는 것이 무엇인지 찾아보도록 하세요.

○
도구보다 감각이 중요해

오늘날 우리가 사용하는 돋보기나 현미경과 같은 도구들은 우리가 보지 못하는 세계를 만날 수 있게 해줘요. 하지만 아무리 정교하게 만들어진 도구라 할지라도 그것이 여러분의 감각을 대신할 수는 없어요. 중요한 점은 세상을 섬세하고 생생하게 받아들일 수 있는 감각을 가지는 거예요. 감각이 딱딱하게 굳어 있다면 아무리 성능이 좋은 도구를 활용해도 그것이 새로운 발견이나 통찰로 연결되지는 않으니까요.

파브르가 곤충을 연구하던 시대에는 관찰도구들이 지금처럼 발달되어 있지 않았어요. 당연히 곤충을 관찰하려면 모든 감각을 최대한 많이 활용해야 했지요. 시각을 통해서는 생김새나 색깔과 같은 겉모습을 파악하고, 청각을 통해서는 곤충이 어디에 있는지를 알아차렸어요. 또 후각을 통해서는 곤충들이 풍기는 고유의 냄새를 통해 녀석들의 버릇을 파악했어요.

특히 파브르는 벌에 관한 연구를 하면서, 벌이 집까지 어떻게 찾아오는지를 밝혀내기 위해서 몇날 며칠을 꼬박 걸어가기도 했어요. 걸어가면서 보고 느끼고 만지고 듣고 냄새를 맡으며 수많은 자연의 대상과 교감을 나누었어요. 책상 앞에 가만히 앉아서 연구하는 것이 아니라 현장에서 직접 발로 뛰며 오감을 다 이용해 연구를 한 것이죠.

우리의 감각은 사용하지 않으면 조금씩 사라지고 말아요. 감각을 제대로 활용하지 못하면 세상을 보는 시야가 좁아질 수밖에 없고요. 흙을 만지고, 바람소리를 들으며, 거친 나무 표면을 느끼면서 자연 속에서 뛰어 놀아 보세요. 여러분의 감각이 흙과 바람과 나무 사이에서 사는 곤충들 못지않게 발달할 거예요.

○
진정한 공부란 뭘까?

죽은 생물보다는 살아 있는 동물을 관찰하는 것이야말로 진정한 탐구라고 할 수 있어요. 살아 있는 생물과 직접 교감해야 더 많은 것을 보고 듣고 느끼면서 배울 수 있기 때문이에요. 파브르는 죽은 곤충을 관찰하는 것보다는 살아 있는 곤충의 생태를 관찰하고 기록하려고 했어요.

하지만 살아 있는 곤충을 관찰하고 탐구하는 것은 결코 쉬운 일이 아니에요. 사람을 피해 도망치기 일쑤고 너무 작아서 눈에서 놓치기도 쉽죠. 게다가 곤충을 자세히 관찰하기 위해서는 곤충의 눈높이에 맞춰야 하기 때문에 구부정한 자세나 엎드린 자세로 장

시간 있어야 해서 몸이 매우 힘들어요.

　파브르는 끈질긴 인내심으로 이런 어려움을 극복하고 곤충을 관찰했어요. 수십 년에 걸쳐서 이렇게 힘들게 연구를 했다니, 그의 집념과 열정이 대단하지요?

　살아 있는 지식을 얻기 위해서는 내가 직접 관찰하고 경험해야만 해요. 전문가들이 앞서 연구해 놓은 자료를 있는 그대로 받아들이는 것이 아니라 자신이 직접 지식을 만들어내야 하는 거죠. 살아 있는 생물을 관찰하고 탐구하는 과정을 통해 여러분이 직접 새로운 지식을 만들어 보세요. 그러면 여러분도 파브르처럼 새로운 영역을 개척하고, 또 새로운 지식을 남들에게 소개하는 멋진 박사님이 될 수 있을 거예요.

엄마는 모두 알고 있어!

《파브르 곤충기》는 1879년부터 1909년까지 파브르가 곤충에 대해 연구한 결과가 담긴 책이에요. 30년 동안의 연구니 평생을 바쳤다고 해도 틀린 말은 아닐 거예요. 책에는 파브르가 곤충을 자세히, 그리고 정확하게 관찰하며 여러 가지로 실험하고 고민했던 노력이 생생하게 실려 있어요.

아무리 멋져도 이미 만들어진 길은
나의 길이 아니야

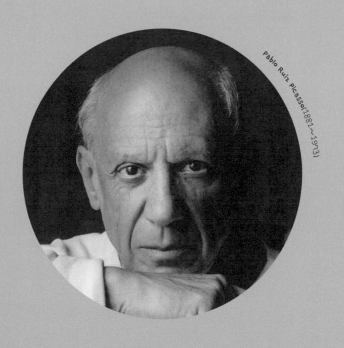

Pablo Ruiz Picasso(1881~1913)

피카소

○
어쩌면 세상에서 가장 유명한 화가

피카소는 현대미술을 대표하는 화가예요. 우리에게 널리 이름이 알려진 수많은 화가들 가운데에서도 가장 영향력이 있고 이름을 떨치는 사람이죠.

피카소는 재능을 타고난 사람이었어요. 피카소가 어린 시절 그린 그림들은 이미 같은 또래 친구들이 그린 그림과 비교할 수 없을 정도로 어른스러웠대요.

그렇다고 피카소가 단지 뛰어난 재능으로 그림만 잘 그리는 사람은 아니었어요. 세상에는 예나 지금이나 피카소처럼 그림을 잘 그리는 사람이 많아요. 하지만 그 사람들이 모두 피카소처럼 유명해지는 것은 아니에요. 세상에 널리 이름을 떨친 사람들은 하나같이 남과는 다른 자신만의 스타일을 가지고 있어요.

○
생각의 틀을 깨는 연습을 해요

어떤 예술가들은 자신만의 그림을 추구하기보다는 유행을 열심히 따라해요. 유명한 화가의 작품을 흉내 내 최대한 비슷하게 그리려고 노력하는 것이죠. 그 방법대로 열심히 하다 보면 어느

1 피카소는 한국과도 인연이 있어요. 한국전쟁에 대한 그림도 그렸거든요. 2 피카소가 열다섯 살 때 그린 그림이에요. 어른 화가 못지않은 실력이죠? 피카소도 처음에는 남들과 비슷한 그림을 그렸어요. 3 로트레크의 〈물랑 루주〉 포스터. 피카소의 새로운 그림은 어느 날 갑자기 나타난 게 아니에요. 피카소도 로트레크를 비롯해 많은 화가들의 영향을 받았거든요.

정도 수준까지는 잘 할 수 있어요. 어쩌면 원래의 작품과 똑같이 그릴 정도로 기술이 늘 수도 있고요.

하지만 아무리 그림 그리는 기술이 늘더라도 맨 처음 그 그림을 그린 사람을 뛰어넘을 수는 없어요. 그것이 자신만의 세계를 만들지 못하는 사람들의 한계에요.

처음부터 숲속에 길이 나 있었던 것이 아니듯이 지금까지 없던 새로운 영역을 창조하는 것은 아주 어려운 일이에요. 그 길이 맞는지 틀린지 알 수도 없어요. 하나부터 열까지 스스로의 힘으로 헤쳐나갈 수밖에 없어요. 고된 노력과 쓰디 쓴 실패를 꿋꿋이 견뎌내야만 새로운 길이 만들어질 수 있어요. 그렇게 길이 만들어지고 나면 사람들이 갈고 닦인 길을 이용하고 다니는 거지요.

여러분은 스스로가 새로운 도전을 하는 사람인지, 아니면 누군가가 만든 길을 이용하는 사람인지 생각해보세요.

○
자연에게 새로움을 배웠어

피카소가 열여섯 살 때였어요. 피가소는 병에 걸려서 스페인의 한 시골마을에서 요양을 하게 되었대요. 그곳은 석회암으로 이루어진 산이 많고 멋진 자연을 갖춘 곳이었어요. 피카소는 초목이 우거진 자연을 접하면서 그 아름다움에 깊이 빠져들었어요.

그리고 그 속에서 우리가 상상할 수 없을 정도로 풍성한 선과 색을 발견했어요. 노을빛에 물든 하늘색, 초목이 우거진 푸르른 숲, 깎아지른 듯한 절벽 등을 말이에요.

피카소는 그곳에서 일 년 정도 머물면서 자신의 그림에 대해 많은 생각을 했어요. 그리고 이러한 경험은 훗날 그의 '입체주의'(입방체주의) 그림들을 그리는 데 큰 도움이 되었어요. 입체주의는 여러 방향에서 본 사물의 모습을 한 화폭 안에 모두 담아내고자 하는 기발한 생각이에요.

만약 피카소가 자연에 대한 풍부한 경험이 없었다면 자신만의 독특한 그림을 그리기 어려웠을 거예요. 자연에서 발견한 선과 색을 보고 따라하기만 해도 훌륭한 작품이 되고도 남거든요. 피카소가 이렇게 남다른 그림을 그릴 수 있었던 이유는 자연으로부터 남과 다른 눈으로 사물을 보는 관찰력을 배웠기 때문이에요.

○
섞으면 새로움이 생겨나요

전혀 다른 두 개의 것이 섞여도 새로운 발명이 될 수 있어요. 도무지 어울릴 것 같지 않은 여러 대상이 서로 만나서 합쳐지면 그때까지 세상에 없던 결과를 만들어내요. 피카소도 '새로운 창조를 위해서는 기존의 것들을 모방하고 섞어야 한다'고 말했어요. 이 세상에서 존재하지 않는 새로운 것을 만들어내는 것은 매우 어려운 일이에요. 하지만 이미 존재하는 것을 새롭게 섞으면 듣도 보도 못한 새로운 결과물이 나오기도 해요.

피카소는 열아홉 살 때 열었던 전시회에서 사람들로부터 좋은 평가를 받지 못했어요. 여러 화가의 작품을 흉내 내서 그린 그림들을 전시했기 때문이에요. 그림을 그리는 기술은 그 누구보다도 훌륭했지만, 피카소는 자신만의 색깔을 보여주지는 못했어요.

이후 피카소는 자신만의 독창적인 화풍을 만들기 위해서 유명한 화가들의 그림 스타일을 마구마구 섞었어요. 그렇게 그림과 그림을 섞기도 하고, 때로는 그림과 조각을 섞기도 하면서 자신만의 그림을 만들어 나갔어요. 그러고 나자 '입체주의'라고 불리는 새로운 미술 세계를 연 사람 가운데 하나가 되었어요.

피카소는 다른 사람들이 먼저 만들어놓은 결과를 열심히 배우고 한데 섞으며 새롭게 시도하는 과정에서 자신만의 미술 세계를 찾아냈어요. 창의성을 발휘하기 위해서는 먼저 그 분야에서 최고의 기술을 습득해야 해요. 그러고 나서 지금까지 쌓아온 것들을 낯설게 바라보면 자신만의 세계로 나아갈 길이 열릴 거예요.

우리 아이 질문의 수준을 올리는 자연관찰의 힘

엄마는 탐구왕

1판 1쇄 인쇄 2018년 1월 2일
1판 1쇄 발행 2018년 1월 5일

지은이 임권일
펴낸이 고병욱

기획편집1실장 김성수 **책임편집** 허태영 **기획편집** 김경수
마케팅 이일권, 송만석, 황호범, 김재욱, 김은지, 양지은 **디자인** 공희, 진미나, 백은주 **외서기획** 엄정빈
제작 김기창 **관리** 주동은, 조재언, 신현민 **총무** 문준기, 노재경, 송민진

펴낸곳 청림출판(주)
등록 제1989-000026호

본사 06048 서울시 강남구 도산대로38길 11 청림출판(주)
제2사옥 10881 경기도 파주시 회동길 173 청림아트스페이스
전화 02-546-4341 **팩스** 02-546-8053

홈페이지 www.chungrim.com
이메일 cr2@chungrim.com
페이스북 https://www.facebook.com/chusubat

ISBN 979-11-5540-120-0 03400